更科学、更实用、指导性更强

宝宝0~3岁

成长监测与达标训练

万理/主编　潘小梅/副主编

中国人口出版社
China Population Publishing House
全国百佳出版单位

我们坚持以专业精神，科学态度，为您排忧解惑。

PART 1 婴儿期

第1个月 发育监测与达标

体格发育

智能发育

专题讲座

第2个月 发育监测与达标

体格发育

智能发育

第3个月 发育监测与达标

体格发育

智能发育

第4个月 发育监测与达标

体格发育

智能发育

第5个月 发育监测与达标

体格发育

智能发育

第6个月 发育监测与达标

体格发育

智能发育

6个月宝宝综合测评

第7个月 发育监测与达标

体格发育

智能发育

7个月宝宝综合测评

第8个月 发育监测与达标

体格发育

智能发育

8个月宝宝综合测评

第9个月 发育监测与达标

体格发育

智能发育

9个月宝宝综合测评

第10个月 发育监测与达标

体格发育

智能发育

10个月宝宝综合测评

第11个月 发育监测与达标

体格发育

智能发育

第12个月 发育监测与达标

体格发育

智能发育

PART 2 幼儿期

第13~15个月 发育监测与达标

体格发育

智能发育

专题讲座

第16~18个月 发育监测与达标

体格发育

智能发育

1岁半宝宝综合测评

第19~21个月 发育监测与达标

体格发育

智能发育

第22~24个月 发育监测与达标

体格发育

智能发育

第25~30个月 发育监测与达标

体格发育

智能发育

第31~36个月 发育监测与达标

体格发育

智能发育

PART 1

出生至1周岁称为婴儿期，是人的一生中体格发育最快的时期。一般出生后的前3个月又是婴儿期生长发育最快的阶段。

1岁以内婴儿的生长发育变化极大，早期的教育和营养十分重要。早期教育主要是利用各种条件刺激婴儿的感知觉，如听觉、视觉、皮肤触觉的发育。早期婴儿的营养有母乳或配方奶粉喂养，婴儿后期除维持母乳和配方奶粉喂养外，还需添加各种混合食物，为顺利渡过食物的转换期作准备。

家长应该了解婴儿体格生长与神经心理发育的规律，这样自己就可以初步判定孩子的生长状况，及早发现孩子生长发育中的问题，并及时纠正处理，以利于婴儿健康成长。

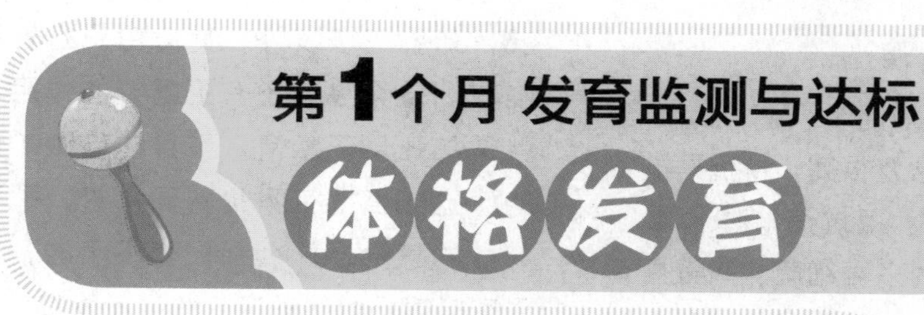

体格发育监测标准

男宝宝

身长 51.9～61.1厘米，平均56.5厘米

体重 3.7～6.1千克，平均4.9千克

头围 35.4～40.2厘米，平均37.8厘米

胸围 33.7～40.9厘米，平均37.3厘米

囟门 2～2.5厘米(对边中点连线)

女宝宝

身长 51.2～60.9厘米，平均55.8厘米

体重 3.5～5.7千克，平均4.6千克

头围 34.7～39.5厘米，平均37.1厘米

胸围 32.9～40.1厘米，平均36.5厘米

囟门 2～2.5厘米(对边中点连线)

体格发育促进方案

对于刚出生的宝宝，母乳是最理想的营养，母乳几乎含有宝宝生长发育的所有营养。这个阶段宝宝的消化吸收能力还不是很强，而母乳中的各种营养无论是数量比例还是结构形式，都是最适宜宝宝的发育要求的。

初乳很重要

初乳看上去稀而少，脂肪和糖含量低，但蛋白质含量很高，特别是抗感染的免疫球蛋白，即抗病抗体含量很高。免疫球蛋白对多种细菌、病毒具有抵抗作用。因而初乳的量虽然不多，但却可以使新生儿获得大量球蛋白，增强新生儿的抗病能力，大大减少了宝宝患肺炎、肠炎、腹泻的概率。

新妈妈要直接哺乳

新妈妈一定要直接哺乳，那种用吸奶器吸出母乳喂养宝宝的方法，不利于母乳喂养的成功。因此除特殊情况，如乳头皲裂等，都应由妈妈直接哺乳。母乳喂养还有更重要的作用，就是加强母子感情，亲身体验做母亲的感觉。当宝宝吸吮着乳头时，那种奇妙的感觉是什么都代替不了的，同时可以很好地促进宝宝的智能发育。

催乳好方法

为了让母乳达到最佳状态，新妈妈要全面均衡地摄入营养。一般认为新妈妈催乳有7条原则：营养均衡，少食多餐，足量饮水，心情愉快，充分休息，勤喂夜哺，按需哺乳。此外，正确的哺乳姿势也很重要。

◆ 本月营养计划表 ◆

主要食物	母乳、配方奶、牛奶	
辅助食物	母乳喂养的宝宝不需添加。混合喂养和人工喂养的宝宝可添加温开水、果汁、菜汁、鱼肝油（维生素A、维生素D比例为3：1）	
餐次	每2小时1次	
哺喂时间	上午	2：00、4：00、6：00、8：00、10：00、12：00，母乳喂哺10～15分钟，或配方奶60～100毫升，人工喂养的宝宝可在两次喂奶中间加用辅助食物10～30毫升。每天给宝宝喂食适量鱼肝油1次
	下午	14：00、16：00、18：00，母乳喂哺10～15分钟，或配方奶60～100毫升，人工喂养的宝宝可在两次喂奶中间加用辅助食物10～30毫升
	夜间	20：00、22：00、24：00，母乳喂哺10～15分钟，或配方奶60～100毫升

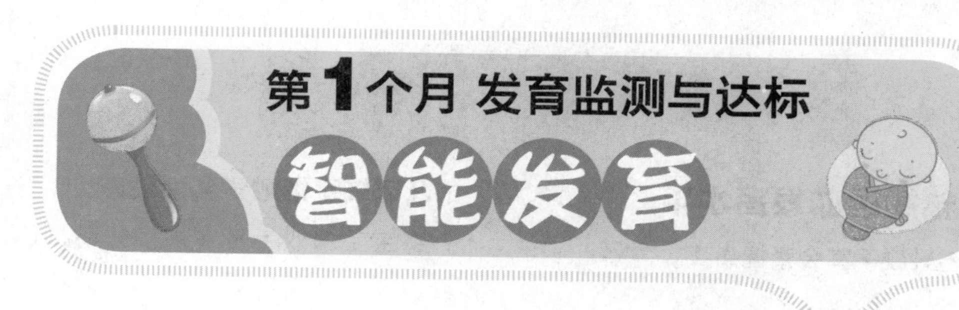

粗大运动

粗大运动发育水平

● 无法随意运动，不能改变自己身体的位置。

● 动作无规则、不协调。

● 坐位时，拉腕坐起，头向前倾，下颏靠近胸部，背部弯曲呈“C”形。

● 仰卧时，头大多转向一侧，同侧的上下肢伸直，对侧的上下肢屈曲。

● 俯卧位时，宝宝臂部高耸，两膝关节屈曲，两腿蜷缩在下方，头转向一侧，脸贴在床面上。

达标训练

1.拉坐起

在宝宝清醒时，将宝宝置于仰卧位，握住宝宝的手腕，轻轻而缓慢地将宝宝拉起，宝宝的头一般会前仰后合地寻找平衡。每天练习2～3次，以此锻炼宝宝的颈部和背部肌力。

2.竖抱抬头

喂奶后竖抱宝宝使其头部靠在家长肩上，轻拍几下背部让其打嗝以防溢奶。之后不扶宝宝头，让其头部自然直立片刻。每天4～5次，以促进宝宝颈部肌肉力量的发展。

3.俯卧抬头

在两次喂奶的间隙，每天让宝宝俯卧一会儿，并用玩具逗引其抬头。不要时间太长，以免宝宝太累。

4.四肢活动

出生半个月后，在宝宝觉醒时，可以用被动的方法帮助宝宝活动四肢的各部分肌肉。

精细运动

精细运动发育水平

- 触碰手掌会紧握拳头。

达标训练

1.训练双手的协调能力

当宝宝清醒时，给宝宝穿宽松的、能使手臂自由活动的衣服，给宝宝一些玩具让其抱握、玩耍，帮助宝宝发展双手的协调能力。

2.训练手的抓握能力

用手指或带柄的玩具触碰宝宝的手掌，让宝宝紧紧握住，在其手中停留片刻后放开。宝宝松开后，家长再将玩具放入宝宝手心，让宝宝多次练习抓握。

3.训练手指触觉和活动能力

将宝宝的双手放在被子外面，让其自由挥动拳头，看自己的手，把手放到嘴里吸吮(一定要把宝宝的手洗干净)，增进宝宝手指的触觉和活动能力，扩展手的活动范围。

疫苗接种备忘录

1.卡介苗：出生后即可接种。

2.乙型肝炎疫苗接种：首次注射。如妈妈被检出为乙型肝炎病毒携带者，要酌情增加宝宝接种量。

认知能力

认知能力发育水平

- 出现短暂的注视行为。
- 能转动眼睛和头追随移动物。
- 在宝宝觉醒状态下，距耳边约10厘米处，把有声的玩具轻轻摇动，宝宝的头会转向发声的玩具。有的宝宝还能用眼睛寻找声源。

达标训练

1.听觉练习

当宝宝觉醒时，可以和他面对面讲话，当宝宝注视你的脸后，慢慢地移动你头的位置，设法吸引宝宝的视线，宝宝有时会随着你的脸而移动。

2.视听练习

在宝宝觉醒时，将宝宝取仰卧位放在床上，拿出色彩鲜艳、带响声的玩具，放在距离宝宝眼睛大约20厘米处，边摇边缓慢地移动玩具，让宝宝的视线随着玩具和响声移动。

语言能力

语言发育水平

- 偶尔能发出细小喉音。

达标训练

1.音乐熏陶

从出生起就应当在宝宝的生活环境里不断播放些优美、柔和、温馨的音乐或歌曲，为宝宝提供一个美好的有声环境。

2.逗引宝宝发音

母亲在喂奶、换尿布时，一边注视宝宝，一边逗引宝宝，并和宝宝多说话。平时还可以唱歌给宝宝听，逗引宝宝自己发喉音。

社会交往能力

社会交往能力发育水平

- 哭是最主要的交流方式。
- 眼睛跟随走动的人移动。

达标训练

1.和宝宝多交流

家长要细心体会宝宝哭闹的原因，要对宝宝的要求给以满足。在觉醒时充满爱心地和宝宝交流，宝宝和家长在交流中辨别不同人的声音、语意，辩认不同人的脸、不同的表情，保持愉快的情绪，促进宝宝交往能力的发展。

2.逗宝宝笑

从宝宝出生第一天起，父母就可以逗宝宝笑。可以抱着宝宝，挠挠他的身体，摸摸他的小脸蛋，用快乐的声音、表情和动作感染宝宝。宝宝在这种情绪下，目光也会逐渐变得柔和，出现快乐的笑容。

1个月宝宝综合测评

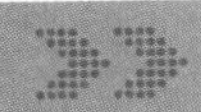

1.首次离眼20厘米注视模拟妈妈脸容的黑白图画：（不眨眼连续注视的秒数,每秒可记1分，5分为合格）

A.10秒以上(10分)

B.7秒以上(7分)

C.5秒以上(5分)

D.3秒以上(3分)

2.离耳15厘米处摇动内装20粒黄豆的塑料瓶时：(10分为合格)

A.转头眨眼(10分)

B.皱眉(8分)

C.纵鼻张口(6分)

D.不动(0分)

3.家长将手突然从远处移至宝宝眼前：(5分为合格)

A.转头眨眼(8分)

B.眨眼(5分)

C.不动(0分)

4.手的活动：(5分为合格)

A.双手可达胸前，可吸吮任一侧手指(6分)

B.单手达胸前只吸一侧手指(5分)

C.吸单侧拳头(3分)

D.双手在体侧不动 (0分)

5.将笔杆放入宝宝手心：(10分为合格)

A.紧握10秒以上(10分)

B.握住5秒以上(7分)

C.握住3秒(5分)

D.不握或握后马上放开(0分)

6.啼哭时家长发出同样哭声：(10分为合格)

A.回应性发音两次(10分)

B.回应性发音一次(8分)

C.停止啼哭等待(7分)

D.仍继续啼哭(2分)

7.同宝宝说话时宝宝的反应：(10分为合格)

A.发出喉音回答(12分)

B.小嘴模仿开合(10分)

C.停哭注视(8分)

D.不理(0分)

8.逗笑：家长用手指挠宝宝胸脯发出回应性微笑，出现在：(12分为合格，睡前脸部皱缩不经逗弄的笑不能算分)

A.5天前(16分)

B.10天前(14分)

C.15天前(12分)

D.20天前(10分)

9.识把，两周后用声音、姿势、便盆作为条件出现的排便及排尿：(10分为合格)

A.15～20天(12分)

B.20～25天(10分)

C.25～30天(8分)

D.不会(2分)

10.10天后俯卧时：(10分为合格)

A.头能抬起，下巴贴床(12分)

B.眼睛抬起观看(10分)

C.头转一侧脸贴枕上(8分)

D.头不能动，埋入枕上，由家长转动(4分)

11.扶腋站在硬板上能迈步：(10分为合格)

A.10步(10分)

B.8步(8分)

C.6步(6分)

D.3步(3分)

结果分析

1.2.3题测适应能力，应得25分；

4.5题测精细动作能力，应得15分；

6.7题测语言能力，应得20分；

8题测社交能力，应得12分；

9题测自理能力，应得10分；

10.11题测大动作能力，应得28分。

共计110分，得分在90～110分之间为正常，120分以上为优秀，70分以下为暂时落后，需要关注和多练习。

专题讲座1：母乳喂养

1．母乳喂养对母婴的好处

母乳喂养除可以满足婴儿的营养需要外，还对母亲及婴儿有许多持续的、有益健康的作用，并且母乳喂养也有利于增进母子间的感情。

（1）母乳喂养可降低婴儿患感染性疾病的风险。

（2）母乳喂养也可以降低婴儿患非感染疾病及慢性疾病的风险。

（3）母乳喂养有利于预防婴儿患过敏性疾病的发生。

（4）母乳喂养可降低母亲乳腺癌的发病机率。

（5）母乳喂养可预防近视。科学家发现母乳喂养长大的孩子患近视眼的可能性比人工喂养的孩子要低。

（6）母乳量会随着婴儿的成长而增加，泌乳速度适宜，喂养方便。

（7）母乳喂养使母婴有更多的肌肤接触，亲吻及体温的温暖等，有利于建立母婴依恋感情，也有助于更亲密的母婴亲情关系的建立。

（8）哺乳过程中，母婴间目光的对视，促使新生儿最早看见的是母亲的笑脸，是母亲的眼睛。

（9）母乳具有经济方便、清洁卫生等优点。

（10）母乳喂养有益于母亲的身体健康。

2．掌握开始喂奶的时间

母亲第一次给婴儿喂奶叫“开奶”。在过去很长的时间里，人们大多强调母亲产后非常疲劳，需要一段时间休息，所以一般应在婴儿出生后6～12小时才开始喂奶，好像这样才有利于母亲。

其实早开奶更有利于母婴健康。新生儿出生后第1个小时是敏感期，而且生后20～30分钟内，婴儿的吸吮反射最强，因此母乳喂养的新观点提倡产后1小时内即开奶，最晚也不要超过6小时。早开奶的好处有如下几点：

（1）母亲产后泌乳必须依靠婴儿对乳头地吸吮刺激。婴儿尽早吮吸乳头，能促使母亲早下奶，下奶快。

（2）加快母亲子宫复位，早止出血。婴儿吸吮引起催产素分泌，可促使产后子宫收缩，加快复位，有助于产后出血尽早停止。

（3）早开奶，婴儿可以获得初乳中大量的免疫物质，加强婴儿抵抗疾病的能力。

（4）新生儿敏感期正是建立母婴间感情联系的最佳时期，新生儿出生后母婴接触的时间越早，母婴间感情越深，婴儿的身心发育就越好。

（5）能够及时补充婴儿从母腹到人间的生理断层，能够尽快获得生理需要，特别是水分、营养的及时补充，有利于婴儿成长的连续性。

3．正确进行初乳喂养

婴儿出生后72小时，乳房不会分泌乳汁，而是分泌一种稀薄的、黄色的液体，名为“初乳”。初乳的成分是由水、蛋白质和矿物质组成的。当婴儿出生后头几天母亲还没有乳汁分泌之前，初乳可以满足婴儿所有的营养需要。初乳也含有非常宝贵的抗体，能帮助婴儿抵御诸如脊髓灰质炎、流行性感冒和呼吸道感染等疾病。初乳还附带有一种轻泻的作用，有助于促进排出胎粪，所以一定要给婴儿喂初乳。

宝宝出生的头几天，妈妈要温柔地把他抱在胸前，一是喂哺初乳，二是使婴儿习惯伏在胸上。如果在一间设有“母婴房”的医院里，并且医务人员确实鼓励按要求用母乳喂养婴儿，这样就更好了。每当婴儿啼哭时，可把他抱起靠近乳房，开始时每侧乳房仅吸几分钟，这样，乳头就不会酸痛。如果婴儿是放在医院婴儿室的，应该告诉医务人员，请他们把婴儿抱来喂养，不要用奶粉喂养，一定要喂婴儿初乳。

4．掌握婴儿觅食反射

母亲头几次抱着婴儿靠近乳房的时候，应该帮助和鼓励婴儿寻找乳头。用双手怀抱婴儿并在靠近乳房处轻轻抚摸他的脸颊。这样做会诱发婴儿的“觅食反射”。婴儿将会立刻转向乳头，张开口准备觅食。此时如把乳头放入婴儿嘴里，婴儿便会用双唇含住乳晕并安静地吸吮。许多婴儿都先用嘴唇舐乳头，然后再把乳头含入口中。有时，这种舐乳头的动作是一种刺激，往往有助于挤出一些初乳。

过几天，婴儿就无须人工刺激了，婴儿一被抱起靠近母亲身体，他就会高兴地转向乳头并含在口里。

母亲不要用手指扶持婴儿的双颊把他的头引向乳头。他会因双颊被触摸受到不一致地引导而弄得晕头转向，并拼命地把头从这一侧转到另一侧去寻找乳头。

5. 掌握婴儿需要的乳量

母亲产后的乳量取决于婴儿摄食量的多少，因此，供给和要求也是如此，婴儿摄食的乳量越多，母亲的乳房产生乳量也越多。

新生儿需要的乳量为：每450克体重每日需要50～80毫升。所以，一个3000克的婴儿每日需要400～625毫升。妈妈的乳房可在每次哺乳3小时后产乳汁40～50毫升，因此，每日产母乳720～950毫升是足够的。

6. 两侧乳房轮流哺乳

婴儿吸啜在最初5分钟内是最强烈的，此时，他已吸食了80%。一般来说，每一侧乳房哺乳时间的长短视婴儿吸啜的兴趣而定。但是，通常不超过10分钟。大概到达上述时间，乳房已被排空，虽然婴儿可能还对吸啜感到津津有味，但你会发现他对继续吃奶已不感兴趣。他可能开始玩弄你的乳房，将乳头在口内一会儿含入、一会儿吐出；他可能转过脸去，也可能入睡了。

当婴儿显露出在一侧乳房已吃饱时，应把他轻轻地从乳头移开，把他放在另一侧乳房上，如果他吸啜两侧乳房之后睡着的话，他可能已经吃饱了。母亲要想知道他睡着是否由于吃饱的缘故，只要看他是否在约10分钟后醒来再次吃奶就知道了。同样的，如果婴儿只从一侧乳房中吸食已能满足他的需要量的话，那么，下次喂奶时，一开始应换用另一侧乳房哺乳。

7. 母乳喂养的姿势

母亲可以按自己选择的姿势喂奶，只要宝宝能够含住乳头和自己觉得舒服、轻松自如就好。可以实践各种方法并采用感觉最自然的一种。在一天以内要改换各种授乳姿势——这样做将会保证婴儿不会仅向乳晕的一个部位施加压力，并且尽量减少输乳管受阻塞的危险。如果坐着授乳，一定要位置舒服。必要时，用软垫或枕头支持臂部和背部。

躺在床上喂乳也很好。特别是在头几周和晚上，没有理由不这样做。母亲应采取侧睡姿势，如希望更舒服，则可垫上枕头。轻轻地怀抱婴儿的头和身体紧靠你的身旁。可能需要把婴儿放在枕头上，使他的位置高一点以便吸吮乳头，但是较大的婴儿应该躺在床上并靠在母亲身边。保证母亲臀部下侧的肌肉扭曲或拉得太紧，因为这样会使奶流减慢。另一种方法就是在母亲手臂下垫个枕头，把婴儿放在枕头上，让他的双腿放在母亲后方。婴儿面向母亲的乳房，而手可以托住他的头部。

开始时，母亲所选择的哺乳姿势可能受到分娩影响，例如，若做过会阴切开术的话，就会觉得坐起来非常不舒服，因此，侧卧哺乳更为适合。同样的，如果做过剖宫产手术，腹部就太柔嫩以致不适宜让婴儿躺在上面，因此要把婴儿的脚放在臂下的位置，或把他放在床上靠在自己身旁的位置哺乳。

8. 把握母乳喂养的次数

婴儿因为身体幼小需要多次喂食。母乳喂养的婴儿可能比人工喂养的婴儿喂食次数更多，这是由于前者吸收乳汁更快。

应按婴儿需求喂食。新生婴儿每两小时需要喂奶一次，一天喂的次数多达8～10次。婴儿长大至1个月左右，通常每3小时进食一次，约2～3个月，则每4小时喂食一次。

大多数3个月大的婴儿在晚上喂食后都睡一整夜，但不应考虑放弃晚间哺乳，除非婴儿一直睡觉不醒。

9. 夜间如何哺乳

要满足婴儿对食物的要求，就应增加哺乳时间，但1次哺乳最少要用30分钟，这样，24小时就花去了3个小时。由于夜间哺乳很重要，因此，母亲往往为照料婴儿而弄得疲倦不堪和精神紧张，一天睡不上几个小时，母亲的睡眠方式在很长时期内会被破坏。所以，母亲应在白天和晚间争取充分的休息，作为丈夫应该协助妻子，并且帮助妻子做一些家务事。在抚育婴儿方面，妻子和丈夫应该是平等的，当妻子进行大部分授乳工作时，丈夫就应为婴儿做些其他的事。

实际上，在夜间哺乳不应完全是妻子的责任，如果婴儿睡在另一间房里，一旦婴儿啼哭，就可请丈夫把他抱来喂，并且在喂完奶后由丈夫把他抱回婴儿睡房和换尿布。

10. 适当减少夜间喂食

婴儿在体重达到4.5公斤的时候，他才能一次睡眠5个小时以上，不会因饥饿而醒来。婴儿的体重一旦达到上述标准，就可以尝试把两次授乳之间的时间延长，以便能获得6小时安静的睡眠，并能顺利地停止凌晨给婴儿喂哺，婴儿有他自己的吃奶规律，但一般来说，巧妙地省去婴儿最后一次喂哺是合理的，以便自己能按规定的时间睡觉。但是要灵活处理，也许婴儿不想停止凌晨的哺乳，无论怎么样力图改变哺乳程序，他还是醒来就饿。

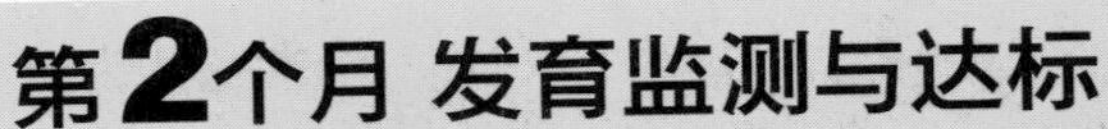

第2个月 发育监测与达标

体格发育

体格发育监测标准

男宝宝

身　长 55.3～64.9厘米，平均60.1厘米

体　重 4.6～7.5千克，平均6.0千克

头　围 37.0～42.2厘米，平均39.6厘米

胸　围 36.2～43.4厘米，平均39.5厘米

囟　门 前囟平均2×2厘米，后囟平均0～1厘米

女宝宝

身　长 54.2～63.4厘米，平均58.8厘米

体　重 4.2～6.9千克，平均5.5千克

头　围 36.2～41.0厘米，平均38.6厘米

胸　围 35.1～42.3厘米，平均38.7厘米

囟　门 前囟平均2×2厘米，后囟平均0～1厘米

体格发育促进方案

宝宝满月以后，进入了一个快速生长的时期，对各种营养的需求也迅速增加。生长发育所需的热能大约占总热量的25%～30%，每天热量供给约需95千卡/千克体重。

2个月的宝宝仍应继续坚持纯母乳

喂养。并且，妈妈们要有意识地将母乳喂养形成规律，3小时左右喂一次。

母乳不足的喂养

若宝宝吃奶40分钟仍未吃饱，或者母乳喂养时宝宝的体重不增加，这说明可能是妈妈的乳汁供应不足，适量增加配方奶粉喂养或转为纯配方奶粉喂养就可以解决。牛奶喂养的宝宝奶量每次约100毫升左右，即使吃得再多的宝宝，全天总吃奶量也不能超过1000毫升。如果宝宝仍吃不饱，可以加健儿粉和米粉，每100毫升奶中加3～5克即可，放在牛奶中一起熬好。人工喂养常采用的是牛奶及牛奶制品，还有一些地区用羊奶及其他代乳品。由于牛奶的成分不同于人乳，其蛋白质含量高，糖含量低，新生儿哺喂时应加水稀释并适当加糖，可根据牛奶的质量及宝宝的消化情况来定，目前不强调必须满月以后才可以使用纯牛奶。

配制乳品注意事项

奶瓶、奶嘴及盛奶容器每次使用后应清洗干净，煮沸消毒，配制乳品前洗净双手。奶嘴孔的大小以将奶瓶倒立时奶汁一滴一滴连续滴出为宜(市面出售的奶嘴多数已有孔)，温度以将乳汁滴于手腕内侧不烫为宜。

◆本月营养计划表◆

主要食物	母乳、配方奶、牛奶	
辅助食物	母乳喂养的宝宝不需添加。混合喂养和人工喂养的宝宝可添加温开水、果汁、菜汁、鱼肝油(维生素A、维生素D比例为3：1)	
餐次	每3小时1次	
哺喂时间	上午	3：00、6：00、9：00、12：00，母乳喂哺10～15分钟，或配方奶80～150毫升，人工喂养的宝宝可在两次喂奶中间加用辅助食物30毫升。每天给宝宝喂食适量鱼肝油1次
	下午	15：00、18：00，母乳喂哺10～15分钟，或配方奶80～150毫升，人工喂养的宝宝可在两次喂奶中间加用辅助食物30毫升
	夜间	21：00、24：00，母乳喂哺10～15分钟，或配方奶80～150毫升

第2个月 发育监测与达标

智能发育

粗大运动

粗大运动发育水平

● 拉腕坐起时，宝宝的头可竖直片刻。

● 宝宝仰卧时，两侧上下肢对称地展开，能使下巴、鼻子与躯干保持在中线位置。

● 俯卧时，宝宝的大腿在小床上，双膝屈曲，双髋外展。如果宝宝俯卧在一平面上，宝宝头开始向上抬起，使下颏能逐渐离开平面5～7厘米，与床面约呈45度角，不再偏向一侧，稍许片刻，头又垂下来。

达标训练

1.头竖直

妈妈每日适当地竖起抱宝宝数次，让宝宝练习头竖起。练习竖抱时，家长一定要保护好，可以将宝宝背部贴住妈妈胸部抱，一手扶住宝宝胸部，一手托住宝宝的臀部。爸爸拿色彩鲜艳和带响声的玩具放在接近宝宝面部的前方，引逗宝宝抬头。

2.俯卧抬头

练习俯卧抬头，一般在空腹情况下，即吃奶前1小时、觉醒状态下进行。让宝宝俯卧，家长在宝宝头部上方摇响铃铛，鼓励宝宝跟着铃声抬头，让宝宝下颏短时间离开床面，双肩也随着抬起来，每次训练30秒，以后逐渐延长时间，每天可训练数次。

3.训练转头

妈妈将宝宝抱在身上，面向前方，另一人在其背后忽左忽右地伸头、摇响铃铛或呼唤宝宝的名字逗引他，训练其左右转头。

4.做被动体操

给宝宝做被动体操，包括胸部运动，上肢肩部和胸部运动，上肢伸屈运动，肩部运动，下肢运动，两腿轮流伸屈。两腿伸直向上和髋关节一起运动，用于提高宝宝肌肉的收缩力。

精细运动

精细运动发育水平

- 玩具在手中可以留握片刻。
- 手指能自己伸展或握拳，手在胸前时自己会看手玩。

达标训练

1.让手和手指充分活动

2个月宝宝的手会经常握拳，但有时张开。宝宝不认识自己的手，有时会凝视自己的小手。要让宝宝自由活动手和手指，不要用手套约束宝宝。妈妈可以给宝宝的小手腕戴上带响的小手镯，或者拴上颜色鲜艳的布条，吸引宝宝活动双手。

2.让宝宝练习握玩具

当宝宝能张开手，又能看手时，可以给他容易抓握的玩具玩。有时把玩具握在手里，又会很快掉下来。通过握东西，促使手的张开和进行触摸刺激。

3.让两条腿自由活动

2个月时宝宝的双腿活动也开始活跃起来，这时可以给宝宝穿开裆裤，以便活动。在洗澡以后，或更换尿布时，妈妈可以用手按摩宝宝的腿部，并用手拉拉宝宝的双腿，使之上下活动，这有利于宝宝运动机能的发展。

认知能力

认知能力发育水平

- 平卧在床上，眼睛会追随移动物体。会转头寻找声源，对新的声音和新的环境开始觉察。
- 已有“红”和“绿”两色视觉，注意图形模式的内部结构。这意

味着图像识别的开始。

- 喜欢看正常人脸，不喜欢看将五官颠倒摆放人脸面谱。
- 用玩具在眼前晃动时，宝宝能立即注视玩具，视野范围超过90度，距离可在1米左右。

达标训练

1.视觉训练

宝宝仰卧位时，可在他的上面20～30厘米处，悬挂一些宝宝感兴趣的玩具，最好是红色和绿色或伴有响声的，每次放1～2件。在宝宝面前摇动或触动玩具，以引起他的兴趣，使其视力集中在这些玩具上。在宝宝集中注视后，可将玩具边摇动边从水平或垂直方向移动，使宝宝视觉追随玩具移动。玩具要经常调换和变换位置，使宝宝感到新奇。

2.听觉训练

用带响声的玩具，在正面逗引宝宝，给予宝宝声音的刺激，让宝宝注意声音。

3.用音乐激发宝宝的愉快情绪

每天定时给宝宝放一些适合宝宝听的乐曲，或者由妈妈给宝宝哼唱一些节奏明快、简单的歌曲，逗引宝宝发出笑声，激发宝宝愉快的情绪，吸引宝宝注意力。

语言能力

语言发育水平

- 开始发出“咿呀声”，和他说话时偶尔能出声应答。
- 能偶尔发出a、o、e等元音。

达标训练

1.多和宝宝说话

宝宝言语的发生和发展，需要一个良好的语言环境。虽然宝宝不会说话，但我们也要把他当成一个懂事的宝宝，经常和他交谈。

和宝宝说话时声调要高，速度要慢，如果发现宝宝发出似应答的声音，这时妈妈应停顿片刻，以增加宝宝参加到母亲—宝宝的“交谈链”中的机会。

2.逗引宝宝发音

家长用亲切温柔的语音对着宝宝发a、o、e等母音，吸引宝宝看家长的口型并逐渐学会回应。需要注意的是，逗引宝宝发音时，家长还要注意经常停下来跟宝宝玩耍，以便让宝宝保持心情愉快。

社会交往能力

社会交往能力发育水平

● 能通过嗅觉、听觉和视觉逐渐认识母亲，表现为母亲抱时少哭，比较安静。

● 家长逗宝宝玩时，宝宝有微笑、发声或手脚乱动等反应。

● 宝宝仰卧时，在没有任何社交刺激的条件下，有时能自发地并有选择性地看着家长的脸(时间短暂)。

达标训练

1.多和宝宝进行情感交流

爸爸妈妈要经常用亲切的语调和宝宝说话，用慈爱的目光注视他，并引起他的注视。在宝宝安静觉醒时，或有发音等活动时要抱一抱宝宝，以示关怀和鼓励。

2.和宝宝一起跳舞

妈妈抱着宝宝随四三拍的乐曲跳双人舞，前跨步、后跨步、旋转、仰抱、竖抱或让宝宝俯趴在妈妈的怀抱里。在背景音乐的伴随下既可以培养宝宝的节奏感，同时还能增强宝宝的安全感以及对父母的信任感。

疫苗接种备忘录

1.脊髓灰质炎混合疫苗(糖丸)：2个月的宝宝首次口服。该疫苗每个月服用1次，连续服用3个月。

2.乙肝疫苗：宝宝满月后，带上预防接种证到指定机构进行第二次接种，也就是第一次加强针，不要忘记。

2个月宝宝综合测评

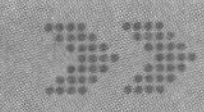

1.看图画：(以10分为合格)

A.对喜欢的图画笑，对不喜欢的图画一扫而过，表现分明(10分)

B.对所有图画表现一样(6分)

C.从未看过图画(0分)

2.追视红球：(以10分为合格)

A.向左右追视达180度，头和眼同时转动(10分)

B.仅双眼转动，幅度小于60度(6分)

C.不追视，双眼不动(0分)

3.看手，仰卧时伸手到眼前观看：(以10分为合格)

A.10秒以上(12分)

B.5秒(10分)

C.3秒(6分)

D.不看(0分)

4.随声转头：(以10分为合格)

A.对妈妈的声音转头观看(10分)

B.眼看不转头(5分)

C.不动(0分)

5.物放入手心：(以10分为合格)

A.紧握放入口中(12分)

B.握紧达1分钟(10分)

C.握住马上放松(8分)

D.不握掉下(2分)

6.高兴时发出元音：啊、咿、哦、噢、呜等：(以10分为合格)

A.3个(10分)

B.2个(6分)

C.1个(3分)

D.不发音(0分)

7.饥饿时听到脚步声或奶瓶声：(以10分为合格)

A.停哭等待(10分)

B.哭声变小(8分)

C.仍大声啼哭(2分)

8.逗笑时：(以12分为合格)

A.45天前笑出声音(12分)

B.45天后笑出声音(10分)

C.微笑无声(8分)

D.不笑(0分)

9.用勺子喂钙剂时：(以8分为合格)

A.吸吮吞咽(8分)

B.舌头顶出(4分)

C.未喂(0分)

10.俯卧抬头：(以10分为合格)

A.下巴离床(10分)

B.下巴贴床(8分)

C.抬眼观看(4分)

D.脸全贴床(2分)

11.竖抱时：(以6分为合格)

A.头直立不用扶持(6分)

B.头垂前方(4分)

C.头仰向后(2分)

12.扶腋在硬板床上自己迈步（每步1分）：(以4分为合格)

A.10步(10分)

B.8步(8分)

C.6步(6分)

D.4步(4分)

结果分析

1.2.4题测认知能力，应得30分；

3.5题测精细动作，应得20分；

6.7题测语言能力，应得20分；

8题测社交能力，应得12分；

9题测自理能力，应得8分；

10.11.12题测大肌肉运动，应得20分。

共计可得110分，总分在90～110分之间为正常，120分以上为优秀，70分以下为暂时落后。

哪一道题若在及格以下可先复习0～30天相应的题目，练好后再学习本年龄组的试题。若哪一道题常为A，可跨过本月的练习，事先练习下一个月相应题。

体格发育监测标准

男宝宝

身 长 57.6～67.2厘米，平均62.4厘米

体 重 5.2～8.3千克，平均6.7千克

头 围 38.2～43.4厘米，平均40.8厘米

胸 围 37.4～45.0厘米，平均41.2厘米

囟 门 2.5厘米×2.5厘米（两对边中点连线）

女宝宝

身 长 56.9～65.2厘米，平均61.1厘米

体 重 4.8～7.6千克，平均6.2千克

头 围 37.4～42.2厘米，平均39.8厘米

胸 围 36.5～42.7厘米，平均40.1厘米

囟 门 2.5厘米×2.5厘米（两对边中点连线）

体格发育促进方案

妈妈多吃健脑食品

出生后3个月是宝宝脑细胞发育的高峰，为促进宝宝脑的发育，除了保证足量的母乳外，还需要给妈妈添加健脑食品，以保证母乳能为宝宝的大脑发育提供充足的营养。

常见的益智健脑食品有鱼、肉、蛋、牛奶、大豆制品、核桃、芝麻、胡萝卜、小米、水果等。

补充其他营养素

母乳和牛奶可以满足宝宝对蛋白质、脂肪、矿物质和维生素的需要。此外，宝宝每天需要补充维生素D300～400IU；人工喂养儿可以补充鲜果汁，每天20～40毫升。母乳喂养的宝宝如果大便干燥的话，可以补充些果汁。早产儿也应该从这个月开始补充铁剂和维生素E，铁剂为2毫克/千克/日，维生素E为24IU/日。

◆本月营养计划表◆

主要食物	母乳、配方奶、牛奶	
辅助食物	母乳喂养的宝宝不需添加。混合喂养和人工喂养的宝宝可添加温开水、果汁、菜汁、鱼肝油(维生素A、维生素D比例为3：1)	
餐次	每4小时1次	
哺喂时间	上午	6：00、10：00，母乳喂哺10～15分钟，或配方奶100～200毫升，人工喂养的宝宝可在两次喂奶中间加用辅助食物30～50毫升。每天给宝宝喂食1次适量鱼肝油
	下午	14：00、18：00，母乳喂哺10～15分钟，或配方奶100～200毫升，人工喂养的宝宝可以在两次喂奶中间加喂辅助食物30～50毫升
	夜间	21：00、24：00，母乳喂哺10～15分钟，或配方奶80～150毫升

粗大运动

粗大运动发育水平

● 头竖直时间延长，有时能转头向四周张望。

● 俯卧时头能抬起来，两只手腕能支撑上肢。有的甚至可以做到挺胸抬头。

● 俯卧时，能将大腿伸直在床面上。虽然双膝可能有弯曲，但髋部不外展。

● 躺着时能从仰卧位自动翻转到侧卧位。

● 扶宝宝坐起，他的头能经常竖起，微微有些摇动，并向前倾，与躯干成一角度。即使身体不动，头还是一再向胸前摇动，不稳定。

● 用双手扶腋下让宝宝站立起来，然后松手(手不要离开)，宝宝能在短时间内保持直立姿势，然后臀部和双膝弯下来。

达标训练

1.练习翻身

宝宝取仰卧位，家长分别在两侧用宝宝感兴趣的玩具逗引他，训练宝宝从仰卧位翻至侧卧位。每次可训练数分钟，每日训练数次。

2.活动四肢

将色彩鲜艳带响的玩具固定在床上，用皮筋将玩具和宝宝手腕或脚腕连起来，当宝宝仰卧时，随着宝宝四肢不规则地运动，玩具也在空中摇晃起来，并发出悦耳的响声。以吸引宝宝的注意力，让宝宝更加兴奋地活动手脚。

精细运动

精细运动发育水平

● 醒来时挥动小手，接着能长时间吸吮自己的手，有时还能悄悄地看自己的手指，双手可接触在一起。

● 看到物体手臂舞动，企图触摸玩具。

● 手握玩具时，会放进自己的口中进行“探索”。

● 用玩具柄触碰宝宝手掌，宝宝能握玩具柄并举起。

● 仰卧时，能用手指抓自己的身体、头发和衣服。

达标训练

1.看、玩小手

擦净宝宝的双手，并剪去指甲。妈妈拉住宝宝的小手，吸引宝宝看、玩自己的手，还可以引导宝宝吸吮自己的手。可以在宝宝的手上拴块红布或戴个发响的手镯，激发宝宝看手和玩手。通过看、玩小手，感知手与手指，促进手的精细动作发展。

2.训练宝宝的抓握触摸能力

当宝宝情绪愉快的时候，家长可经常用带柄的玩具或者家长的手指塞在宝宝手掌中，让他抓握触摸，训练宝宝的抓握触摸能力。还可以给宝宝准备一些方便抓握的玩具，如摇铃、能捏响的软塑料或橡皮玩具等。稍大些的宝宝可以用皮筋将这些玩具挂在宝宝能够抓到的地方，让他们练习抓、握、摇、捏等动作。一旦宝宝学会翻身，玩具就不要挂着玩了。

认知能力

认知能力发育水平

● 能够持续注意视线内的大物体。

● 将醒目的玩具放在桌面上，然后把宝宝抱在桌边，轻轻敲击桌面，宝宝会立刻明确地注意玩具。

● 能灵敏地追随玩具。

● 视线可以从一个物体转移到另一个物体。

● 能开始转头细致地观察事物。记忆力增强，注意力发展。

达标训练

1.视线转移

随着宝宝的渐渐长大，他的眼睛会越来越明亮，他可以一下子就注视到面前的玩具，并能灵敏地追随。此时可用两个玩具（或两人）来逗引宝宝，让宝宝先注视一个玩具（或人），然后拿出（出现）另一个玩具（或人），训练宝宝的视线从一个物体转移到另一个物体。也可以在宝宝集中注视某一物体或人脸时，迅速移开物体或人脸，训练宝宝在注视目标消失时用视觉寻找。

2.拍打、够取玩具

宝宝在仰卧位时，将色彩鲜艳、有响声、大小适当的玩具挂在小床上方宝宝能够抓到的地方。抱坐位时，将玩具放在宝宝胸前20厘米左右。摇动或弄响玩具，吸引宝宝注意力，使他企图击打、够取、抓握、触摸玩具。当宝宝想要动手但又不成功时，可将玩具放进他的手中，并弄出响声，激发他的兴趣。当宝宝用视觉捕捉目标或偶然击打、触到玩具时，家长要用自然而丰富的表情和手势，欣喜的赞扬语调加以鼓励。

3.脚蹬玩具

床脚部位上方，在宝宝视线以内，挂上一个带响的彩色玩具，玩具上方用松紧带系着，玩具下方用松紧带系在宝宝的小脚踝部，当宝宝蹬脚时玩具能活动并发出响声，使宝宝看到玩具活动和听到响声，产生兴趣。

开始时让宝宝重复练习，使他记住蹬脚和玩具动、响之间的联系，以后宝宝就会高兴地自发地玩这种游戏了。还可以在床脚部位悬挂上1～2个彩色塑料球，高低能适合宝宝用脚蹬踢到球的位置，当踢到球时家长要给予鼓励。

疫苗接种备忘录

1.服用第二次脊髓灰质炎糖丸。

2.第一次注射百白破疫苗。

3.做卡介苗接种后的复查，以检查疫苗接种效果。

语言能力

语言发育水平

● 逗弄他知道笑，有时会“啊”“喔”喃喃细语，好似与爸爸妈妈“谈话”。

● 有时还能自由地发出两个音节的音。如：gao，la，ma等。

● 看到令宝宝高兴的物体时，他会出现呼吸加深，全身用劲等很兴奋的表现。

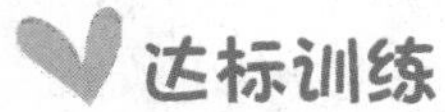

达标训练

1.笑出声—发元音

随着宝宝各种感觉器官的成熟，宝宝对外界刺激的反应越来越多，愉快情绪也逐渐增加。首先会表现在微笑上，除了自发的微笑外，同时宝宝很容易被逗笑，甚至出声的笑。此时他的发音也会增多，可有较多的自发发音，能清晰地发出一些元音。家长要在宝宝情绪愉快时多与宝宝说笑，逗引他发音。可用不同的语调与宝宝说话，如亲切和蔼的声音、命令式的声音、激动的喊叫等，训练宝宝分辨不同的语调，做出不同的反应。除了母亲外，家庭其他成员也要多和宝宝说笑，使他感受多种声音、语调，促进他对语言的感知能力。

2.给宝宝念唱儿歌

歌声是宝宝最乐于接受的语言形式，通过歌曲或儿歌，不仅能让宝宝感受到优美的旋律、明快的节奏，还能给宝宝语音的刺激，帮助宝宝逐渐记住儿歌中典型有趣的词及末尾押韵的音，这对宝宝语言的表现力、表达的音准都很重要。

爸爸妈妈有时间要多收集一些儿歌，空闲时抱着宝宝，一边摇，一边给宝宝念儿歌。比如：“小老鼠，上灯台；偷油吃，下不来；叫奶奶，拿猫来；咕噜噜，滚下来。”给宝宝念儿歌可以丰富宝宝的基础语言，促进宝宝的语言智能发展。

3.多和宝宝说话

当给宝宝喂奶、换尿布时，妈妈可经常边说边喂，边说边换尿布，给予宝宝一些有益的语言刺激。无论什么样的生活场景都是跟宝宝说话的好机会，比如爸爸上班外出可以对

宝宝讲："宝宝，爸爸上班去了，再见！"下班回家时可说："宝宝，你好吗？爸爸回来了！"尽管宝宝还小，不可能懂得家长的这些语言，但是这些有益的语言刺激总有一天会带给宝宝意想不到的收获。因此，家长要不厌其烦地尽量多和宝宝说话。

社会交往能力

社会交往能力发育水平

● 知道喜欢或不喜欢了。饥饿和疼痛时，大声啼哭；饱足和舒适时，则手舞足蹈，尽情撒欢。

● 用目光期待着喂奶：看到妈妈的乳房或奶瓶时会显得很高兴。

达标训练

1.培养亲子感情

父母抱宝宝时，要和宝宝眼睛对视，要用温柔慈祥的声调和宝宝说话，如"宝宝，我是妈妈，叫妈妈！"也可以将宝宝抱起来，用手指着爸爸，让他看着爸爸，并说"看，爸爸来了！"经过反复强化这种学习，增强宝宝的辨认能力，而且在欢快的情绪中培养亲子的感情，传递着父母和宝宝之间的真挚的爱。

2.强化宝宝的笑

家长要经常通过各种方式，逗引宝宝发笑。如可以经常抱着宝宝，亲吻、抚摸宝宝，和宝宝说话，给宝宝唱歌等，通过这些方式逗引宝宝发笑，对他的笑给予应答和鼓励，使宝宝保持愉快的情绪。

3.进行"三浴"锻炼

在条件适合的情况下，可以带宝宝多做"三浴"锻炼，即定时带宝宝进行日光浴、水浴、空气浴，让宝宝有更多的机会感知周围的环境，同时也能提高宝宝适应环境、抵御疾病的能力。

3个月宝宝综合测评

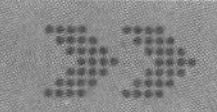

1.认母：(以5分为合格)

A.见到妈妈主动投怀(5分)

B.妈妈离开时哭叫(4分)

C.对谁都一个样(1分)

2.追视红球：(以9分为合格)

A.头颈活动，上下左右环形追视(9分)

B.会上下追视(6分)

C.会左右追视(3分)

D.小于60度左右追视，眼动头不动(1分)

3.眼看双手：(以10分为合格)

A.互相抓握玩耍，抓脸、衣服、被子(10分)

B.手乱抓眼看不着(6分)

C.手不会抓物(0分)

4.牵铃的绳子套在某一肢体上：(以12分为合格)

A.知道动哪一肢体使铃响(12分)

B.全身滚动使铃响(10分)

C.不会牵绳，弄不出声音(2分)

5.会发长元音或双元音：(以9分为合格)

A.3个(9分)

B.2个(6分)

C.1个(3分)

6.家长讲话时：(以10分为合格)

A.大声答话(12分)

B.小声答话(10分)

C.笑而不答(8分)

D.毫无表示(0分)

7.常常笑：(以10分为合格)

A.见熟人笑，对镜子笑(10分)

B.见人就笑(8分)

C.人逗才笑(6分)

D.很少笑(4分)

8.识把：(以10分为合格)

A.会做表示，白天少湿床铺(10分)

B.偶然成功1次(6分)

C.常用尿不湿，不把(0分)

9.翻身90度：(以10分为合格)

A.仰卧转侧卧(12分)

B.俯卧转侧卧(10分)

C.侧卧转仰卧(8分)

D.侧卧转俯卧(6分)

10.俯卧抬头：(以10分为合格)

A.抬起半胸用肘支撑(10分)

B.抬头下巴离床(8分)

C.眼睛往前看，下巴贴床(6分)

11.俯卧：家长双手从两侧托胸前举起宝宝：(以10分为合格)

A.头、躯干和髋部成直线，膝屈成游泳状(10分)

B.头、躯干成直线，下肢下垂(6分)

C.头及下肢均下垂(2分)

12.扶腋站在硬床上迈步：(以5分为合格)

A.5步(6分)

B.4步(5分)

C.3步(4分)

D.1步(2分)

结果分析

1.2题测认知能力，应得14分；

3.4题测精细动作，应得22分；

5.6题测语言能力，应得19分；

7题测社交能力，应得10分；

8题测自理能力，应得10分；

9.10.11.12题测大肌肉运动能力，应得35分。

共计可得110分，总分在90～110分之间为正常，120分以上为优秀，70分以下为暂时落后。

哪一道题若在及格以下可先复习第二个月的试题或该能力组的全部试题，再学习本月龄组的试题。若哪一题常为A，可跨过本月的试题，向下个月能力组的试题进一步练习。

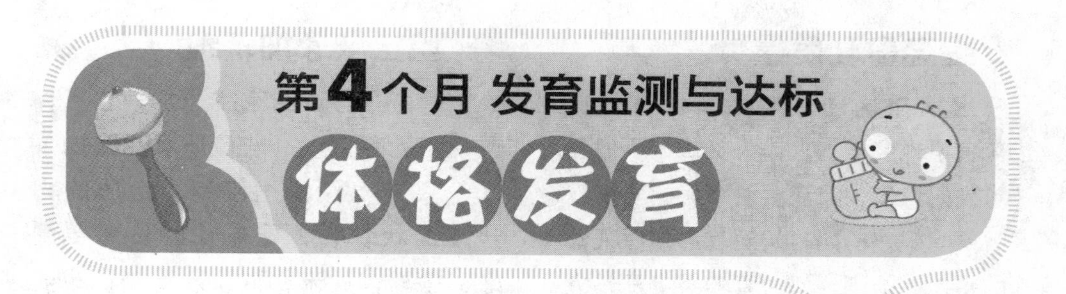

体格发育监测标准

男宝宝

身长 59.7～69.3厘米，平均64.5厘米

体重 6.8～9.0千克，平均7.4千克

头围 39.6～44.4厘米，平均42.0厘米

胸围 38.3～46.3厘米，平均42.3厘米

囟门 2.5厘米×2.5厘米（两对边中点连线）

女宝宝

身长 58.5～67.7厘米，平均63.1厘米

体重 5.3～8.3千克，平均6.8千克

头围 38.5～43.3厘米，平均40.9厘米

胸围 37.3～44.9厘米，平均41.1厘米

囟门 2.5厘米×2.5厘米（两对边中点连线）

体格发育促进方案

合理的营养对提高宝宝智力的效果较为显著。由于宝宝的体质各异，所以，做父母的应根据自家宝宝的实际情况，供给不同的食品，只有这样才有利于维持体内营养的平衡，大脑的发育，身体的健康。

提高母乳质量

宝宝在这一时期生长发育很迅速，食量也会增加。作为父母，不但要注意到奶量多少，还要注意奶的质量。宝宝要吃妈妈的奶，妈妈就必须保证营养的摄入，否则，奶中营养不丰富，会直接影响到宝宝的生长发育。再者，第4个月是宝宝脑细胞发育的高峰期，也是身体各个方面发育生长的高峰，营养的好坏关系到其今后的智力和体质发育，因此一定要提高母乳的质量。

给宝宝添加辅食

这个月可以给宝宝添加辅食了，最初可给宝宝喝一些流质食品，如菜汁、果汁，慢慢过渡到半流质的糊状、泥状食物，在制作时口感要细嫩、软滑，如米粉糊、麦粉糊、胡萝卜泥、苹果泥等，它们营养丰富，足以让宝宝身强力壮，还能帮助宝宝学会吞咽。当乳牙开始萌出时，可把食物做得稍粗一些、颗粒也相应地大一点，让宝宝学着用牙咬、嚼，利于长牙，也能为以后吃固体食物做准备。

◆本月营养计划表◆

主要食物	母乳、配方奶、牛奶	
辅助食物	母乳喂养的宝宝不需添加。混合喂养和人工喂养的宝宝可添加温开水、果汁、菜汁、鱼肝油（维生素A、维生素D比例为3：1）	
餐次	每4小时1次	
哺喂时间	上午	2：00母乳喂哺10～15分钟，或配方奶180毫升；6：00母乳喂哺10～15分钟，或配方奶180毫升；8：00喂稀释蔬菜汁90毫汁；10：00母乳喂哺10～15分钟，或配方奶180毫升；12：00喂稀释鲜橙汁或番茄汁90毫升，水果泥少许
	下午	14：00母乳喂哺10～15分钟，或配方奶180毫升；15：00喂稀释的蔬菜汁80毫升，新鲜蔬菜泥少许；16：00喂温开水（或凉开水）90毫升，可加白糖适量；18：00母乳喂哺10～15分钟，或配方奶180毫升
	夜间	22：00母乳喂哺10～15分钟，或配方奶180毫升

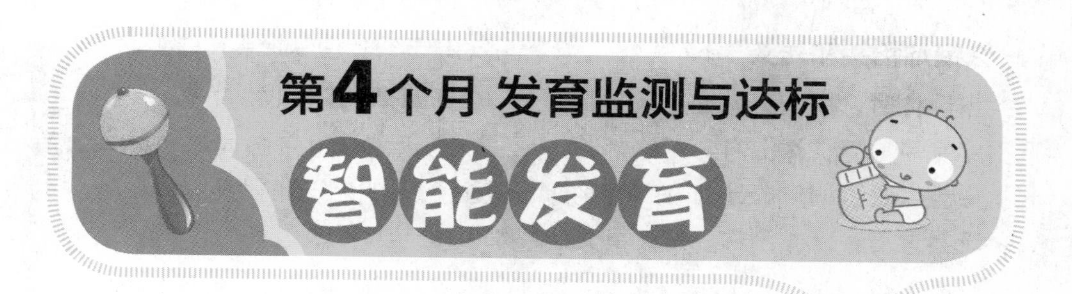

粗大运动

粗大运动发育水平

● 俯卧时能用前臂支撑抬头和胸部。

● 直抱时头能保持平衡。

● 逐渐能从仰卧位翻身到侧卧位或俯卧位。

● 平卧时，宝宝的双手会自动在胸前合拢，手指互相接触，两手呈相握状。

● 扶宝宝坐起，当头保持稳定时，宝宝的头会向前倾并与身体呈一角度；当手臂或躯干移动或转头时，头基本稳定，偶尔会有晃动。

● 俯卧时，宝宝会抬头到适当高度，两眼朝前看，面部与床面呈90度角，并能保持这个姿势一会。

达标训练

1.翻身（仰卧—俯卧）

4个月宝宝能在仰卧玩耍过程中，有机会不知不觉地俯卧过来，有时还不断地挣扎着要翻身，这时可以把宝宝最喜欢的玩具放在他身旁，当他想把身体旁边的玩具拿到手时，就会翻过身来。开始时宝宝翻过身后一只手臂常常压在身体下面，家长可给一定的帮助，慢慢地训练宝宝自己将手放好，灵巧地翻身，自由地选择姿势。家长有意识地帮助宝宝向左右两个方向翻。通过翻身，变换姿势，使宝宝变更方向认识世界。

2.锻炼抬头和转头

俯卧位时，家长可站在宝宝头前逗引宝宝用前臂支撑上身，将胸部抬起抬头看家长。同时，还可在宝宝前方用玩具逗引，从左到右，从远到近移动玩具，促使其抬头和转头。

3.做被动体操

每天上、下午各锻炼一次，以促进全身肌肉和关节的发展。

精细运动

精细运动发育水平

- 能从家长手里拿玩具。
- 会注视自己的手。
- 能抓住玩具和把玩具放入口中。
- 手能主动地张开来抓住物体，并能将它保留在手中大约1分钟，开始有留握表现。

达标训练

1.练习手抓握

4个月的宝宝对周围的事物开始产生兴趣，对有响的玩具，如铃铛，一抓握即响的小动物玩具，更加有兴趣。在宝宝觉醒时，将挂着的带响声的玩具拿到宝宝面前摇晃，使其注视，然后将玩具放在宝宝胸前伸手即可抓到的地方，激发他去碰和抓。如果宝宝抓了几次仍抓不到玩具，就将玩具直接放在他的手中，让他握住，然后再放开玩具，继续教他学抓。若宝宝只看玩具不伸手抓，可用玩具触他的小手，逗引他伸手抓，或将玩具放在他手中摇晃他的手，让玩具发响并逗引他听。

2.够取悬吊玩具

宝宝仰卧，用绳在宝宝眼前系一晃动的玩具，锻炼宝宝够取物体的能力。家长可先把玩具放在他伸手可以摸到的地方，摸到后再将玩具推远一点，吸引他再伸手碰触玩具，让玩具晃动起来。经常做这样的练习，过一段时间，宝宝就能用双手一前一后地将玩具抱住。

疫苗接种备忘录

1.第3次服用脊髓灰质炎糖丸。

2.第2次接种百白破疫苗。

认知能力

认知能力发育水平

● 视觉机能比较完善了，能逐渐集中于较远的对象。开始出现主动的视觉集中，并开始形成视觉条件反射，如看到奶瓶会伸手去要。

● 听到声音能愉快转头，能注意镜子中的自己，对逼近物体有明显躲避反应。

● 已具有正确的颜色知觉。

● 开始积极地“倾听”音乐。比较喜欢听愉快的和听起来比较美的音乐。听音乐时总伴有身体的反复运动，运动和音乐还不能同步，还不协调。

达标训练

1.经常到户外活动，丰富宝宝的视听刺激

使宝宝多多接触大自然，看看初升的太阳，傍晚的月亮，看看红色的花、绿色的树木和青草，看车辆行驶，小狗奔跑，树丛中鸟儿飞翔，使他学习视觉追踪。家长边带宝宝看边说：红花多好看，小汽车开过去了，等等。

2.看图片和画报

从图片或画报上补充实物的视听刺激不足，选择图画和书上的画要大一些，色彩鲜艳，形象真实，有美感，一边看画，一边用最简单的词语讲图画的名称。

3.追视手电光，使视觉灵敏

在傍晚天渐渐黑时，抱宝宝坐在膝盖上，家长打开手电筒轻轻晃动，使手电筒照在墙壁上来回移动，家长指着手电筒光说：“看！看！亮光在哪儿？在哪儿？亮光跑到那儿了！”

语言能力

语言发育水平

● 自言自语，咿呀不停，对家长的话有反应。

● 咿呀作语的声调变长。

● 能发出高声调地喊叫或发出好听的声音。

达标训练

1.强化宝宝的某些发音

如宝宝偶然发出“妈妈”声音，就要亲吻他，搂抱他，说：“妈妈！我就是你的妈妈呀！”鼓励他重复发出这些有意义的名词语声。

2.逗引宝宝学发声

拿一色彩鲜艳带响的玩具，在宝宝面前一边摇一边说：“宝宝，拿！拿！”鼓励宝宝发出“na”的声音。看到其他的物品或者卡片等，也可以用同样的方法鼓励宝宝发音，训练宝宝逐步由单音向双音发展。

社会交往能力

社会交往能力发育水平

● 已经知道向母亲伸手要抱。

● 在家长逗引时能笑出声音。

● 见到熟人时，能自发地微笑，出现主动的社交行为。

● 抱着宝宝坐在镜子前面看自己的影像，他能明确地注视自己的身影，并对着镜子中的自己微笑，还会与他“说话”。

达标训练

1.表情反应

在和宝宝玩耍时要有意识地对他做出不同的面部表情，如笑、怒、哭等等，训练宝宝分辨这些面部表情，让他逐渐学会对不同的表情有不同的反应，并学会正确表露自己的感受。

2.找朋友，发展交往能力

抱宝宝在户外活动时，让他看到有些小朋友在学习走。先让他在远处观察，渐渐走近。如果宝宝在笑，表示他同意小朋友接近，让他和小朋友握握手。如果宝宝扑到母亲怀中，表示他害怕，不要勉强，只让他在一旁观看，直到他出现笑容时才让他与别人亲近。此外，在户外活动中，让宝宝多和周围家长接触，习惯和更多人交往。

3.看人脸听人声

除经常面对面注视和说话外，可以变换方向或距离，吸引宝宝注视和倾听。注意他对熟人和生人有什么不同反应。

4个月宝宝综合测评

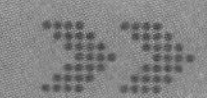

1.追视滚轴：(以10分为合格)

A.从桌子一头看到另一头(10分)

B.追视到桌子中央(5分)

C.不追着看(0分)

2.在白纸上放1粒红色小丸：(以10分为合格)

A.马上发现(10分)

B.家长用手指着才能看到(8分)

C.未看到(3分)

3.继续听胎教音乐：(以10分为合格)

A.微笑而入睡(10分)

B.微笑(8分)

C.听到胎教时，呼唤名字转头观看(5分)

D.无表情(2分)

4.认人：(以12分为合格)

A.对父母、照料者皆投怀(12分)

B.对父母均投怀(8分)

C.对陌生人注视，但无亲热表情(加5分)

5.吊球：(以10分为合格)

A.会用手拍击横吊在胸前的小球(10分)

B.试击不中(8分)

C.只看不动手(4分)

6.模仿家长唇形发出辅音(如妈、爸、不、哥、姑等)：(以10分为合格)

A.3个(15分)

B.2个(10分)

C.1个(5分)

7.家长蒙脸玩藏猫时：(以6分为合格)

A.笑且动手拉布(6分)

B.笑不动手(3分)

C.无表情(0分)

8.晚上睡眠延长：(以8分为合格)

A.晚上能睡5～6个小时，白天觉醒时间增加(8分)

B.晚上能睡4小时(6分)

C.晚上能睡3小时(4分)

9.用勺子喂：(以4分为合格)

A.张口舔食(4分)

B.撅嘴吸吮(0分)

10.俯卧时：(以10分为合格)

A.用手撑胸(10分)

B.用肘撑胸(8分)

C.只能抬头(6分)

11.仰卧抬腿：(以10分为合格)

A.踢打吊球(10分)

B.会踢但不中(8分)

C.裹住不能活动(0分)

12.仰卧时家长说："坐起"：(以10分为合格)

A.双手拉坐时头伸直(10分)

B.拉坐头向前倾(8分)

C.拉坐时头向后仰(4分)

结果分析

1.2.3.4题测认知能力，应得42分；

5题测精细动作，应得6分；

6题测语言能力，应得10分；

7题测社交能力，应得6分；

8.9题测自理能力，应得12分；

10.11.12题测大肌肉运动，应得30分。

共计可得110分，总分在90～110分之间为正常，120分以上为优秀，70分以下为暂时落后。

哪一道题在及格以下可先复习上个月相应的试题及复习该能力组全部试题，再学习本年龄组在及格以下的试题。哪一道题常为A，可跨过本月的试题，向下个月该能力组的试题进一步练习。

专家讲座2：辅食添加

1. 什么是辅食

辅食——对婴儿来讲，指乳类食品(母乳、配方奶)外的其他食物。婴儿长到3个月后，胃容量增大，胃肠道消化酶的分泌逐渐完善。单靠乳类食品，营养虽然全面，但毕竟是流质，已不能满足宝宝快速生长发育的需要。此时应添加半流质即糊状食品，并逐渐过渡到软质及固体食物，使婴儿逐渐增强咀嚼能力，为断奶做准备。

2. 添加辅食的作用

乳汁已经无法满足宝宝的生长需求

4个月后，单纯从母乳或配方奶粉中获得的营养成分已经不能满足宝宝生长发育的需求，必须添加辅食，帮助宝宝及时摄取均衡、充足的营养，满足生长发育的需求。

为“断奶”做好准备

婴儿的辅助食品又称断奶食品，其含义并不仅仅指宝宝断奶时所用的食品，而是指从单一的乳汁喂养到完全断奶这一阶段时间内所添加的过渡食品。

训练吞咽能力

从习惯吸食乳汁到吃接近成人的固体食物，宝宝需要有一个逐渐适应的过程。从吸吮到咀嚼、吞咽，宝宝需要学习另外一种进食方式，这一般需要半年或者更长的时间。

培养咀嚼能力

宝宝不断长大，他的牙黏膜也逐渐变得坚硬起来，尤其是长出门牙后，如果及时给他吃软化的半固体食物，他会学着用牙龈或牙齿去咀嚼食物。咀嚼功能的发育有利于颌骨发育和乳牙萌出。

3. 什么时候添加辅食

为宝宝添加辅食需要根据宝宝的生长发育状况来决定。一般有以下标准：宝宝的头颈部肌肉已经发育完善，能自主挺直脖子，方便进食固体食物；吞咽功能逐渐协调成熟，不再把舌头上的食物吐出来；消化系统中的分解酶素，已经能够消化不同种类的食物了。特别提醒：具体到每个宝宝，该什么时候开始添加辅食，父母应视宝宝的健康及生长状况决定。一般在婴儿6个月以后。

4.添加辅食的原则

从一种到多种

不可一次给宝宝添加好几种辅食，那样很容易引起不良反应。开始只添加一样，如果3～5天内宝宝没有出现不良反应，排便正常，可以让宝宝尝试另外一种。

从流质到固体

按照流质食品—半流质食品—固体食品的顺序添加辅食。如果一开始就给宝宝添加固体或半固体的食品，宝宝的肠胃无法负担，难以消化，会导致腹泻。

量从少到多

刚开始添加辅食时，可以只给宝宝喂一两勺，然后到四五勺，再到小半碗。刚开始加辅食的时候，每天喂一次，如果宝宝没有出现抗拒的反应，可慢慢增加次数。

不宜久吃流质食品

如果长时间给宝宝吃流质或泥状的食品，会使宝宝错过咀嚼能力发展的关键期。咀嚼敏感期一般在6个月左右出现，从这时起就应提供机会让宝宝学习咀嚼。

辅食不可替代乳类

有的妈妈认为宝宝既然已经可以吃辅食了，从6个月就开始减少宝宝对母乳或其他乳类地摄入，这是错误的。这时宝宝仍应以母乳或牛奶为主食，辅食只能作为一种补充食品，否则会影响他健康成长。

遇到不适立即停止

给宝宝添加辅食的时候，如果宝宝出现过敏、腹泻或大便里有较多的黏液等状况时，要立即停止给宝宝喂辅食，待恢复正常后再开始（过敏的食物不可再添加）。

不要添加调味品

辅食中尽量少加或不加盐和糖，以免养成宝宝嗜盐或嗜糖的习惯。更不宜添加味精和人工色素等，以免增加宝宝肾脏的负担，损害肾功能。

保持愉快的进食氛围

在宝宝心情愉快和清醒时喂辅食，当宝宝表示不愿吃时，不可采取强迫手段。给宝宝添加辅食不仅是为了补充营养，同时也是培养宝宝健康的进食习惯和礼仪，促进宝宝正常的味觉发育，如果宝宝在接受辅食时心理受挫，会给他带来很多负面影响。

5. 添加辅食的误区

误区一：宝宝四个月了，应该添加辅食了

是否应该添加辅食，不是看月份，而是看宝宝是否准备好了接受辅食。过早添加辅食，对于宝宝的健康有百弊而无一利。

误区二：不及早添加辅食，会造成宝宝营养不良

如果说开始添加辅食对于宝宝有什么补充，重点也不在营养，而是宝宝胃口大了，单纯依靠母乳已经不能够吃饱，需要额外的食物。在一岁之内，宝宝的主要营养来源是母乳，而不是辅食。

误区三：添加辅食后，就应该给宝宝断奶

有些宝宝喂养的书上把辅食称为“离乳食品”，并建议妈妈将辅食替代母乳，这是不正确的。辅食之所以称为“辅”食，正是因为它是辅助母乳的食品，绝非取而代之。

误区四：辅食添加晚了，会错过训练宝宝咀嚼能力的最佳时期

这种说法没有科学根据。宝宝也并非仅仅依靠辅食来学习咀嚼，他们吃手指、咬牙胶、嚼玩具，总之把能抓到手的东西往嘴里放，就已经“训练”了咀嚼能力。

误区五：宝宝不爱吃饭的时候，不能随他便，要想法设法把食物塞给他吃

添加辅食的最重要原则是：尊重孩子，让孩子做主。当孩子闭嘴扭头表示拒绝时，接受孩子的意愿，千万不要勉强孩子继续进食。

第5个月 发育监测与达标

体格发育

体格发育监测标准

男宝宝

身 长 61.6～71.0厘米，平均66.3厘米

体 重 6.1～9.5千克，平均7.8千克

头 围 40.4～45.2厘米，平均42.8厘米

胸 围 39.2～46.8厘米，平均43.0厘米

囟 门 前囟2.5×2.5厘米

牙 齿 平均0～2颗

女宝宝

身 长 60.4～69.2厘米，平均64.8厘米

体 重 5.7～8.8千克，平均7.2千克

头 围 39.4～44.2厘米，平均41.8厘米

胸 围 38.1～45.7厘米，平均41.9厘米

囟 门 前囟2.5×2.5厘米

牙 齿 平均0～2颗

体格发育促进方案

营养的合理与否是宝宝全面发展的关键所在，所谓合理喂养就是保持营养素的平衡，满足宝宝智力与体能生长发育的需要。

宝宝长到5个月后，开始对乳汁以外的食物感兴趣了，即使5个月以前完全采用母乳喂养的宝宝，到了这个时候也会开始想吃母乳以外的食物了。

5个月的宝宝可加的辅食应以粗颗粒食物为宜。因为此时的宝宝已经准备长牙，有的宝宝甚至已经长出了一两颗乳牙，可以通过咀嚼食物来训练宝宝的咀嚼能力，同时，这一时期已进入离乳的初期(半断奶期)，每天可给宝宝吃一些鱼泥、蛋黄、肉泥等食物，可补充铁和动物蛋白，也可给宝宝吃烂粥、烂面条等补充热量。如果现在宝宝对吃辅食很感兴趣，可以酌情减少一次奶量。

◆本月营养计划表◆

主要食物		母乳、配方奶、牛奶
辅助食物		母乳喂养的宝宝不需添加。混合喂养和人工喂养的宝宝可添加温开水、果汁、菜汁、鱼肝油(维生素A、维生素D比例为3：1)
餐次		每4小时1次
哺喂时间	上午	2：00喂母乳10～20分钟，或配方奶120～150毫升；6：00母乳哺喂10～20分钟，或配方奶120～150毫升；8：00喂蛋黄1/8个，温开水或水果汁或菜汁90毫升；10：00喂母乳10～20分钟，或配方奶120～150毫升；12：00喂菜泥或水果泥30克，米汤30～50毫升
	下午	14：00喂母乳10～20分钟，或配方奶120～150毫升；16：00喂蛋黄1/8个，肉汤60～90毫升；18：00喂母乳10～20分钟，或配方奶120～150毫升
	夜间	20：00喂米粉30克，温开水或水果汁或菜汁30～50毫升；22：00喂母乳10～20分钟，或配方奶120～150毫升

粗大运动

粗大运动发育水平

- 能比较熟练地从仰卧位翻到侧卧位，再翻到俯卧位。
- 可以背靠着支撑物坐片刻。
- 独坐时身体前倾。
- 仰卧时抬起双脚蹬踢。

达标训练

1.靠坐

宝宝能够自由翻身了，这时家长要扶他坐一会儿。这说明运动机能发育已从头部进入到躯干。到5个月时，躯干肌肉已可支持脊柱直立片刻。练习靠坐时，将宝宝放在有扶手的沙发上或小椅子上，让他靠坐着玩儿。或放在床上，身后放一些棉垫练习靠坐，以后慢慢减少他身后靠的东西，使宝宝仅有一点支持即可坐住，或是撤开家长的支持独坐片刻。注意此时宝宝肌力弱，不能坐很久，以免他们脊柱弯曲变形。

2.直立跳跃

新生儿在扶成直立位时，有自动迈步的动作，这是一种先天的原始反射动作。以后这种反射消失，接着宝宝开始有了主动的支撑和活动。练习直立跳跃时，家长取坐位，双手扶住宝宝的腋下，使宝宝的双足在家长的腿上一蹿一蹿跳跃，每次一分钟左右，每天可练习1～2次。这既是一种肌肉力量的锻炼，又是宝宝欢快情绪的体验，为早期学习站立做准备。

3.翻身练习

当宝宝处于仰卧位或俯卧位，并已翻身向侧边时，家长可用玩具逗引或语言鼓励，再从侧边给予帮助，让宝宝从仰卧转向俯卧，再从俯卧转向仰卧。

疫苗接种备忘录

第3次接种百白破疫苗。百白破疫苗接种完毕。

精细运动

精细运动发育水平

- 能准确抓握到前面的玩具。
- 能把玩具抓在手指和手掌之间，并将玩具拿起来。

达标训练

1.练习准确抓握

经过第四个月的练习，宝宝这时已经能比较准确抓到面前的物体了。但仍然要继续练习抓握动作。家长可抱他在膝上，面对桌子，前面放不同形状、不同大小的东西，让他练习一下子准确抓起来。可把玩具放在不同的距离(一定是经过努力可以够到的位置)，让宝宝凭自己的努力去够取玩具。还可将玩具放入一个大筐(盆)内，让宝宝到里面去抓取，这样可以锻炼宝宝手眼协调能力。

2.练习双手抓握能力

抱宝宝坐在桌前，在桌面上宝宝的手能够到的地方，放两个小玩具，宝宝会伸手先抓取一个，家长可帮助他用另一只手抓住另一个。事前，要清洗玩具，因为宝宝抓住东西后，会马上放入嘴内啃咬。

3.训练手指运动能力

把一些容易抓握和带响的玩具摆放在宝宝的面前，锻炼宝宝的抓握、摆弄和敲摇的能力。当宝宝看到玩具后，家长要鼓励他伸手抓握这些玩具，教宝宝拿着玩具敲一敲、摇一摇，训练宝宝手指的运动能力。

认知能力

认知能力发育水平

● 宝宝会寻找从视线中突然消失的东西。

● 手摸、摇晃、敲打东西，趴着抬头挺胸环顾四周。

● 那些直接满足机体需要的物品，如奶瓶和小勺等能引起他们的注意。

达标训练

1.学习自己玩

宝宝这时能抓到玩具了，但不能独立地玩玩具，需要家长教他玩。宝宝在自己玩的过程中，看看、摇摇、摸摸、听听，这不仅可以发展视、听、触觉等感知和手的动作，也会发展认知能力。这时玩具特点最好是能发响。家长要以愉快、亲切的表情选一个玩具给宝宝看，同时给宝宝讲玩具的名称，并教给他如何拍拍或敲打小玩具，使它发出声音，如摇动花铃棒，反复做示范动作引起宝宝兴趣，鼓励他模仿，或把着手教他玩。当宝宝做好某一动作，要适时亲亲或搂抱宝宝，同时以赞扬的语气加以鼓励，以强化宝宝的行为。经过几天或一段时间地训练，宝宝就会自己玩了。宝宝自己玩，有助于发展宝宝的感官、注意力及手的动作，而且激发其对玩具的兴趣，也为从小培养宝宝独立活动打下基础。

2.观察环境

家长可以让宝宝看周围环境。从室内到室外，从人到物进行观察，如母亲教他认识室内接触到的物品、玩具，尽管宝宝还不会说话，也要让他在看的基础上，听到物品的名称、颜色，并让他看家里人的活动。到室外观察，宝宝也是最高兴的。他充满着好奇心，有兴趣地东张西望。活动着的人、汽车、花草、树木、小动物等都可让宝宝观察，家长可用语言及动作来启发引导他观察。

3.藏猫猫

5～6个月宝宝对“藏猫猫”的游戏很感兴趣。在宝宝吃饱喝足以后，很希望和家长玩。让宝宝坐在爸爸或妈妈的膝盖上，用一块手绢蒙住自己的脸问宝宝：“妈妈(爸爸)在哪里？”当宝宝寻找时，突然拉掉手绢露出你的笑脸，并叫一声“喵儿”。此时，宝宝就会高兴地笑。然后将手绢蒙住宝宝的脸，让他学着将手绢拿开，家长叫一声“喵儿”，反复这样做，宝宝就会反复笑。

“藏猫猫”游戏不但可以培养宝宝愉快积极的情绪，也有助于他想像力的发展。

4.寻找掉下的东西，培养观察能力

学习寻找从视线中突然消失的东西，培养观察能力。用一个滚动能发出声音的玩具从桌子一头慢慢滚动到另一头，让他自然落地而发出声音，看看宝宝能否用眼睛随着声音发出的方向寻找。5个月的宝宝开始对突然消失的东西产生寻找的欲望，有了看不见的东西并非消失的意识。于是他会伸头去桌旁观察发出声音的地方，是否有他的玩具。平时母亲可以故意把金属勺子、小汽车等掉到地上，发出声音，看看他是否会伸头去寻找。当他看到勺子时，母亲要用夸奖的语气说：“啊，在这儿，宝宝会替妈妈寻找，真棒！”通过表扬，使宝宝更加愿意寻找失落的东西，发展这种观察能力。

5.拉线团，锻炼手眼协调能力

先将会滚的红色或绿色线团用带子系上，让线团从桌子近端滚到宝宝够不到的远端，家长把带子一拉将线团拉回来。让宝宝模仿抓带子一头将线团拉回来，使宝宝认识线团和绳子之间的关系。

语言能力

语言发音水平

● 能听懂责备与赞扬的话，能发出喃喃的单音节。

● 看到熟悉的人或玩具时，能发出“咿咿呀呀”像是说话的声音。

● 有时能发出不同于肠鸣音的哼哼声或咆哮声。

● 有时会以笑或出声的方式，对人与物“说话”。

达标训练

1.咿呀学语

宝宝经过了发元音、发辅音的阶段，对语音的感知更加清晰，发音也更加主动，好像已开始咿呀学语。有时他会自动发出一些不清晰的音节，如啊、吗、吧、不等，家长可有意识地教他发一些音，引导宝宝模仿发出

一些声音，甚至可以是咳嗽声、咂嘴声等。这阶段仍主要是与宝宝多说话，看到什么说什么，特别是对一些经常接触到的事和物要反复说。说的同时指给宝宝看，或拿着宝宝的手去指，让宝宝更多的感受这些语言，并逐渐认识这些事物。

2.对自己的名字有反应

首先要将宝宝的名字固定，最好从一开始就用正名称呼而不用小名。如果家长一会儿称他宝宝，一会儿称他正名，或是其他什么爱称，宝宝就不知道家长到底在呼唤谁。

当你想和宝宝玩时，可以在一旁呼唤他的名字，宝宝听到呼唤的声音转头看时，可以说一声“在这里，在这里”，和宝宝逗着玩。妈妈呼唤多次以后，他就知道是呼唤自己的名字了。以后再呼他的名字，他就能立刻做出反应。经过这样训练的宝宝，在第5个月就能听懂自己的名字，不然，可能要晚2个月才能听懂自己的名字。

3.听音乐和儿歌

当宝宝情绪稳定时，家长可给宝宝放一些轻松愉快的儿童乐曲，为宝宝提供一个优美、温柔、宁静的音乐环境，借此提高宝宝的注意力，培养宝宝愉快的情绪。还可结合生活场景及日常活动，朗读一些简短的儿歌，开发宝宝的语言能力。

社会交往能力

社会交往能力发育水平

- 开始认人，能认识妈妈。
- 对周围的人持选择态度。知道认生，不喜欢生人抱。
- 能辨认出妈妈的声音。听见妈妈的声音，表示高兴并发出声音。
- 当父母离开时会转动头和眼睛去寻找。

达标训练

1.照镜子游戏

镜子可以作为宝宝时期的一个学习工具。镜子可使宝宝第一次看见自己，尽管他还不能认识自己，他会把镜中的自己当作另一个人来与之微笑、玩耍。

镜子中还可使他清楚地看到自己的五官，此时家长可教宝宝认识眼睛、鼻子、嘴巴等。这一年龄段的宝宝不一定能指对，只是家长指着这些器官反复对宝宝说，使他初步地接受这些概念。

2.自喂饼干

此时的宝宝手已能抓住东西，消化功能比以前增强了，牙龈也开始变硬，所以他们不再只满足奶品，而是要吃一些硬一点的东西，可给宝宝一些小饼干(一定要好拿、易溶化的)，让宝宝学会自己将饼干喂到嘴里。这是对宝宝手部动作地锻炼，也是自我生活地锻炼。

3.认人

随着对面孔辨认的细致程度增加，此时的宝宝对母亲更加偏爱，而对陌生人显出警觉和回避反应。这就是会认人了，就是说宝宝感知、辨别和记忆力提高了。这也是宝宝社会性的重大发展。

此时应训练宝宝和家长交往，认识更多的人。在日常生活中，先教宝宝认识家庭成员及与他的关系和称呼。如认识妈妈、爸爸和奶奶等。结合家长的活动来训练，如奶奶来了，可指给他看，并叫着他的名字："冰冰，奶奶呢？奶奶抱！"。妈妈给他喂奶时，可以说："来，找妈妈！"，爸爸出门上班时，家长可以拿着他的小手招招手，说"冰冰，说爸爸再见！"。

平时还可以训练他认找"爸爸呢？"以后可以逐渐扩大范围。外出看见阿姨、小哥哥时，可以指给他看，或拿着小手向他们招一招。经过训练，虽然宝宝尚未能发出称呼，但可使他逐渐辨认自己的家人。

4.举高高

家长将宝宝抱好，然后高高地举起来，接着再放下来。游戏时可以通过肌肤接触或愉快的语言交流带给宝宝更多快乐的体验，但一定要注意安全，既不能吓着宝宝，更不能做抛接动作。做几次这样的游戏后，只要抱起宝宝，他就会做好举高高的准备。举高高是增进亲子关系，同时也是宝宝非常喜爱的游戏之一。

5个月宝宝综合测评

1.听到家长说物名时：(以10分为合格)

A.用手指物的方向2种(16分)

B.用眼看物的方向2种(10分)

C.眼看1种(5分)

D.不看(0分)

2.握物：(以10分为合格)

A.两手分别各拿一物(10分)

B.用拇指与食指、中指、无名指和小指相对握物(5分)

C.5个手指同方向大把抓握(3分)

3.传手：(以10分为合格，170天前以6分为合格)

A.握物时能传手(10分)

B.扔掉手中之物再取一物(6分)

4.仰卧时：(以10分为合格)

A.手抓到脚，将脚趾放入口中啃咬(10分)

B.手在体侧抓到脚(8分)

C.手抓不到脚(2分)

5.发双辅音，如妈妈、爸爸、拿拿、打打等，能理解其意义，但不是去称呼家长：(以10分为合格)

A.3个(10分)

B.2个(7分)

C.1个(5分)

6.家长背儿歌时：(以10分为合格)

A.会做一种动作(10分)

B.只笑不动(5分)

C.不笑也不会做动作(0分)

7.照镜子时笑，同它说话，用手去摸，同它碰头：(以12分为合格)

A.4种(15分)

B.3种(12分)

C.2种(6分)

D.1种(3分)

8.躲避生人：(以8分为合格)

A.将身体藏在妈妈身后或躲在怀中(8分)

B.注视(6分)

C.完全不避生人(4分)

9.吃固体食物：(以8分为合格)

A.自己拿饼干吃，并咀嚼(8分)

B.含着慢慢下咽(4分)

C.不吃硬食物(0分)

10.大小便前：(以6分为合格)

A.出声表示(8分)

B.用动作表示(6分)

C.不表示(2分)

11.俯卧托胸：(以10分为合格)

A.头、躯干、下肢完全持平(10分)

B.下肢膝屈(8分)

C.下肢下垂(2分)

12.俯卧时上身抬起腹部贴床：(以6分为合格)

A.在床上打转360度(6分)

B.打转180度(4分)

C.打转90度(2分)

D.完全不转(1分)

结果分析

1题测认知能力，应得10分；

2.3.4题测精细动作，应得30分；

5.6题测语言能力，应得20分；

7.8题测社交能力，应得20分；

9.10题测自理能力，应得14分；

11.12题测大肌肉运动能力，应得16分。

共计可得110分，总分在90～110分之间为正常，120分以上为优秀，70分以下为暂时落后。

如果哪一道题在及格以下，可先复习上月相应的试题或练习该组的试题，全部通过后再练习本月的题。哪一道题常为A，可跨越练习下月同组的试题，使优点更加突出。

第6个月 发育监测与达标

体格发育

体格发育监测标准

男宝宝

- 身长 63.4~73.8厘米，平均68.6厘米
- 体重 6.5~10.3千克，平均8.4千克
- 头围 41.3~46.5厘米，平均43.9厘米
- 胸围 39.7~48.1厘米，平均43.9厘米
- 囟门 前囟2厘米×2厘米
- 牙齿 长出0~2颗门牙

女宝宝

- 身长 62.0~72.0厘米，平均67.0厘米
- 体重 6.0~9.6千克，平均7.8千克
- 头围 40.4~45.2厘米，平均42.8厘米
- 胸围 38.9~46.9厘米，平均42.9厘米
- 囟门 前囟2厘米×2厘米
- 牙齿 长出0~2颗门牙

体格发育促进方案

补充蛋白质

增加容易消化吸收的食物，补充动物蛋白和植物蛋白，也可以选择鱼肉蔬菜营养米粉等特殊配方的米粉，这种米粉中的动物蛋白和植物蛋白含量非常高，适合宝宝补充蛋白质。

继续补充铁质

蛋黄可由1/2个逐渐增加到1个，并适量补给动物血制食品，也可以选择补铁类米粉。

扩大淀粉类食物品种

增加土豆、红薯、山药以及各类营养米粉。

补充含免疫物质的食品

6个月之后的母乳质量呈逐渐下降的趋势，而宝宝的身体还很娇嫩，所以在这一时期给宝宝增加配方类似于免疫能力强劲的初乳且安全可靠的特殊保护食品非常有必要。这一点对于人工喂养的宝宝尤为重要。

◆ 本月营养计划表 ◆

主要食物		母乳、配方奶
辅助食物		白开水、鱼肝油(维生素A、维生素D比例为3：1)、水果汁、菜汁、菜汤、肉汤、米粉（糊）、蛋黄泥、菜泥、水果泥、鱼泥、肉泥、动物血
餐次		每4小时1次
哺喂时间	上午	6：00母乳20分钟，或配方奶150～200毫升；8：00喂果汁或菜汁或温开水80毫升；10：00喂米粉20克，蛋黄1/4个；12：00喂菜汁或或果汁或菜汤30～60毫升，鱼泥或肉泥20～50克
	下午	14：00喂母乳20分钟，或配方奶150～200毫升；16：00喂菜泥或果泥30～60克，肉汤30～60毫升；18：00喂母乳10～20分钟，或配方奶150～200毫升，米汤30～60毫升
	夜间	20：00喂果泥或绿叶蔬菜菜泥50克，蛋黄1/4；22：00喂母乳20分钟，或配方奶150～200毫升

第6个月 发育监测与达标
智能发育

粗大运动

粗大运动发育水平

● 能独坐片刻。

● 家长扶着站立时，能反复屈曲膝关节自动跳跃。

● 有爬的愿望。

● 能动作熟练地从仰卧位自己翻滚到俯卧位。

达标训练

1.靠坐—独坐

每天经常让宝宝练习双手拉着你的两个手指坐起来，用枕头等垫着宝宝的背部使其靠坐，在宝宝能较稳的靠坐后，逐步移走后边的靠垫。把玩具放在够着处，让宝宝坐着玩一会儿。每次时间不宜太长，开始5～10分钟，每天练习3～4次。

2.翻滚

在平坦不太软的床上，或地上铺席子或塑料地板块，宝宝先仰卧，用一件新鲜的有声有色的玩具吸引他的注意力，引导他从仰卧变为侧卧、俯卧，再从俯卧转成仰卧。让宝宝翻身打滚，但要注意安全。

3.打转

让宝宝俯卧床上，家长用玩具在宝宝一侧引诱。这时宝宝会以腹部为支点四肢腾空，上肢想够取玩具，下肢也着急地摇动，身体在床上打转转。

4.练习跳蹲

家长坐在椅子上扶着宝宝腋下，让他站在家长的腿上，将宝宝提起、放下数次，锻炼宝宝小腿的支撑力，为站立打基础。

5.独站

在靠坐的基础上，让宝宝练习独站。家长可先给宝宝一定地支撑，以后逐渐撤去支撑，使其坐姿日趋平稳，逐步锻炼颈、背、腰的肌肉力量，为独坐自如打下基础。

6.试爬

让宝宝俯卧，家长先将手放在宝宝的脚底，利用宝宝腹部着床和原地打转的动作，帮助他向前匍行。进行一段时间地训练后，家长可在宝宝头部前方，用玩具不断跟随着宝宝的动作缓慢向前摇动，鼓励宝宝试着向前爬行够取玩具。

精细运动

精细运动发育水平

- 会用双手同时握东西。
- 能摇动发响的玩具，抓住悬挂的玩具。
- 玩具从一手递给另一手。

达标训练

1.抓取小东西

用手指抓小的东西，可以锻炼指尖细小肌肉的协调动作，这是促进神经系统反应的必要条件。家长要让宝宝练习用手抓东西，每天数次，抓取物体从大逐渐变小。选择小的物品，要以卫生安全为原则，以免误食口内发生危险。可以选小饼干、小米花等，即使吃进口内也会立即溶化变软。不能抓纽扣、硬豆或药片。抓取活动练习持续数月，直到宝宝会灵巧捏取很小的东西为止。

2.玩具换手

通过玩具传手，练习手的技巧，学会解决问题。

将宝宝抱成坐位，面前放一些彩色小气球等物品，玩具可从大到小。开始训练时，玩具放在宝宝一伸手就可拿到的地方，逐渐移到远一点的地方，让宝宝伸手去抓握。接着再给他下一个小彩球让他去抓，鼓励他继续伸手向远处抓取玩具，并学习将彩球从一只手转换到另一只手，从而培养宝宝手的灵活性。

3.抓扔玩具

让宝宝坐在桌旁，在桌子上摆数种玩具，家长一个接一个地将玩具塞进宝宝小手，当宝宝的两只手都握有玩具时，继续给他第三个、第四个……促使宝宝像“熊瞎子掰棒子”一样，扔掉一个玩具再拿一个玩具，不断练习抓握，增进手的灵活性。

认知能力

认知能力发育水平

● 会扔、摔东西，捕捉并拍打镜中人。

● 开始能理解家长对他说话的态度，并开始感受愉快或不愉快的感情。

● 要东西，拿不到就哭。

● 用身体动作表示到外边玩。

● 可自由地将奶瓶头放入口中。

达标训练

1.培养观察能力

在室内布置适合宝宝月龄、色彩鲜艳的画，逗引宝宝注意观察周围的环境，培养宝宝的观察能力。

2.扶奶瓶，自喂饼干

宝宝吃饭时，可以训练他自己用双手扶着奶瓶吃奶。两顿奶之间可以给宝宝一块软质饼干，放在他手里，鼓励他自己拿着吃，训练宝宝的握持能力。

3.训练定时睡眠和大小便的习惯

6个月的宝宝已经能逐步显示出最初的独立性，正是抓住时机培养他良好生活习惯的时候。家长要从按时入睡起床，早晨吃奶后坐盆。从养成早晨排便，定时定量喂养等习惯入手，培养宝宝的好习惯。

疫苗接种备忘录

1.流行性脑脊髓膜炎疫苗：进行初次免疫，一共两针，本月注射第一针，三个月后注射第二针，3岁时接种加强针。

2.乙肝疫苗第三次接种。

3.流行性乙型脑炎疫苗初次接种，一共两针，本月接种第一次，70天后接种第二次，分别在宝宝1岁、3岁、4岁、7岁时接种加强针。

语言能力

语言发育水平

- 能无意发出“爸”、“妈”等音。
- 同时发出比较复杂的声音，如a、e、i、o、u，好像要说话。
- 会发出不同声音，表示不同反应。
- 叫宝宝的名字时，宝宝会转头寻找。

达标训练

1.教宝宝听懂更多的话

这时期与宝宝说话仍然很重要，要让他懂得语言和很多动作和物品之间的联系。家长做动作时还要加上语言。在宝宝进食时说“宝贝！吃饭了”，“哎！好好吃呀！”等等。在外出散步时，可以说“宝贝！狗来了”，“啊，花开得真好看呀！”妈妈在做家务时，可以将宝宝放在身旁，边做边解释说：“妈妈要晾衣服了，你在一旁好好等着。”

2.教物品名称

反复教宝宝认识他熟悉并喜爱的各种日常生活用品的名称，如起床时，可以教他认识小被子、衣服；喂奶时，教他认识奶瓶、手绢；坐小车时说“这是小车”等。教宝宝认识物品，结合当时的活动内容反复教，如给宝宝戴帽子外出，家长不仅拿帽子给他看，还告诉他“这是帽子，亮亮的帽子”。吃饼干时认识饼干。吃苹果时对宝宝说“这是苹果”。在玩耍时教宝宝各种玩具的名称。

这个时期，宝宝虽然不会说话，慢慢的他能听懂很多话，对日后语言发展有重要作用。

3.教发爸爸、妈妈声

随着宝宝与外界接触的增加，与亲人的交往增加，宝宝的发音反应越来越强烈，好像总要说些什么，此时已不是单独的元音或辅音，而是发出一些音节。家长要有意识地教他一些音节的发音，如ba－ba，ma－ma，da－da等。宝宝可很清晰地模仿发出这些音，但没有任何意义。此时家长在他发音时要给予应答和鼓励，使他建立此音与实际意义的联系，为他有意识地叫爸爸、妈妈打好基础。

4.唱儿歌做动作

让宝宝面对面坐在家长膝盖上，家长与宝宝手拉手一面念儿歌《拉大锯》：拉大锯，扯大锯，姥姥家，唱大戏，爸爸去，妈妈去，小宝宝也要去。一面前后摇动，作拉锯样。念到“也要去”时让宝宝身体向后倾倒。

以后每念到“也要去”时，家长不动，看宝宝是否将身体向后倾倒。

其他儿歌也可以配合动作，动作只在某一句上做同样动作，但不能每句都做动作。6个月的宝宝只能学会一个儿歌做一个动作。

社会交往能力

社会交往能力发育水平

● 对陌生人表现出惊奇、不快，把身体转向亲人。

● 会以拉手、拉人或发音等方式主动与人交往。

达标训练

1.认人

宝宝经过了对人的泛化认识后，逐渐有了分化的认识，开始出现怯生的表现，这是宝宝的进步。此时要多给宝宝接触人的机会，观察他对熟人、生人的不同反应，教会他对熟人用微笑或发音来打招呼，对生人逐渐适应。多与人友好交往，逐渐增加熟悉的人数，减轻他怯生反应的强度。

2.捉迷藏

使宝宝快乐和反应敏捷，增进亲子感情。妈妈取坐位，让宝宝面对面坐在她腿上，妈妈一手扶着宝宝的髋部，一手扶着他的腋下保持平衡。爸爸在妈妈背后，让宝宝一只手抓住爸爸的手指，另一只手抓住妈妈的胳膊，爸爸先拉一下被宝宝抓住的手，当宝宝朝这边看时，爸爸从妈妈背后另一边突然伸出头来亲热地叫“宝贝”，当宝宝转头找到爸爸时，会笑出声来。

3.点头摇头

经常用点头表示“对啦”，用摇头表示“不对或不好”。当家长做动作时要加上口头语言“对”或“不对”，宝宝就会渐渐学会模仿家长的表示方式。当宝宝要吃东西时，家长给宝宝拿好吃的，教宝宝点头，并说“对，对”。然后拿另一种宝宝不喜欢的东西给宝宝，教他摇头并说：“不对，不对”。经过多次训练后，宝宝就会主动用点头表示“对”，摇头表示“不对”。

4.学会伸双手求抱

家长要利用各种形式引起宝宝求抱的愿望，如跟宝宝说抱他上街、找妈妈、拿玩具等。抱宝宝前要向宝宝伸出双臂问他：“抱抱好不好？”以这样的形式鼓励宝宝将双臂伸向你。

6个月宝宝综合测评

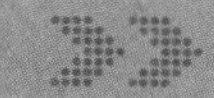

1.拿走正在玩的玩具会：(以10分为合格)

A.尖叫乱动表示反抗(10分)

B.啼哭反抗(8)

C.不察觉(0分)

2.听到家长说物名会用手指或用眼看物的方向：(以12分为合格)

A.4种(16分)

B.3种(12分)

C.2种(8分)

D.1种(4分)

3.两手各握一物：(以10分为合格)

A.对敲(10分)

B.会用两手各握一物(8分)

C.双手抱紧一物放手掉下(6分)

D.不握物(0分)

4.拨弄小丸：(以10分为合格)

A.一把抓住(12分)

B.用手掌拨弄(10分)

C.注视不摸(2分)

5.懂家长说“不许”：(以10分为合格)

A.停止原来动作(10分)

B.笑仍继续干(6分)

C.无反应(2分)

6.会用手势表示语言，如再见、谢谢、点头、摆手等：(以10分为合格)

A.3种(15分)

B.2种(10分)

C.1种(5分)

D.不会(0分)

7.懂得家长的表扬和批评：(以8分为合格)

A.语言(8分)

B.表情(6分)

C.语言加上表情(4分)

D.不懂(0分)

8.记得离开了7～10天的熟人：(以8分为合格)

A.再见时表示亲热投怀(8分)

B.对人笑(6分)

C.四肢舞动(4分)

D.注视(2分)

9.像家长一样托杯喝水：(以4分为合格)

A.自己双手捧杯喝水(6分)

B.完全由家长拿杯才能喝水(4分)

C.只会用奶瓶不会用杯(2分)

10.大小便前：(以8分为合格)

A.有声音表示(10分)

B.能用动作表示(8分)

C.由家长定时把，自己不表示(4分)

D.用一次性尿布(2分)

11.翻滚：(以10分为合格)

A.连续翻360度打几个滚(10分)

B.能翻360度一次(8分)

C.翻180度(4分)

D.翻90度(0分)

12.坐稳：(以10分为合格)

A.双手自由活动(12分)

B.双手在前面支撑(10分)

C.身体向前倾斜倒下(8分)

D.靠坐(4分)

结果分析

1.2题测认知能力，应得22分；

3.4题测精细动作，应得20分；

5.6题测语言能力，应得20分；

7.8题测社交能力，应得16分；

9.10题测自理能力，应得12分；

11.12题测大肌肉运动能力，应得20分。

共计可得110分，总分在90～110分之间为正常，120分以上为优秀，70分以下为暂时落后。

如果哪一道题在及格以下，先复习上月相应试题，或练习该组的试题，全部通过后再练习本月试题。哪一道题常为A，可跨越练习下个月同组的相应试题，使优点更加突出。

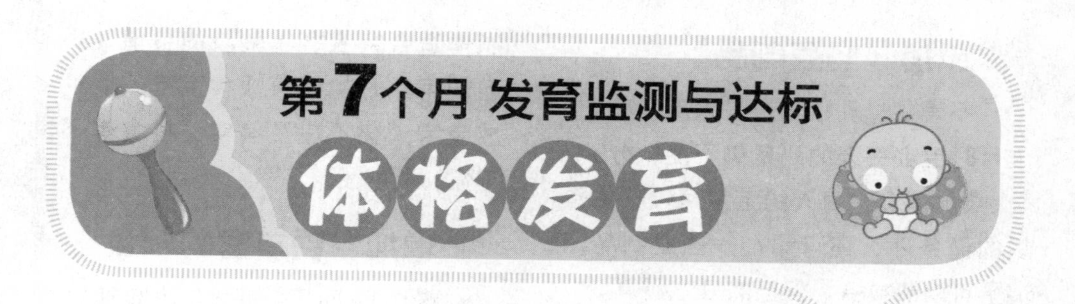

体格发育监测标准

男宝宝

身长 66.1～76.5厘米，平均71.3厘米

体重 7.0～11.0千克，平均9.0千克

头围 42.4～47.6厘米，平均45.0厘米

胸围 40.7～49.1厘米，平均44.9厘米

囟门 前囟2×2厘米

牙齿 长出0～4颗

女宝宝

身长 64.7～74.7厘米，平均69.7厘米

体重 6.5～10.2千克，平均8.4千克

头围 41.2～46.3厘米，平均43.8厘米

胸围 39.7～47.7厘米，平均43.7厘米

囟门 前囟2×2厘米

牙齿 长出0～4颗

体格发育促进方案

宝宝长到7个月时，已经开始萌出乳牙了，并有了咀嚼能力，同时舌头也有了搅拌食物的功能，对饮食也越来越多地显现出了个人的爱好。

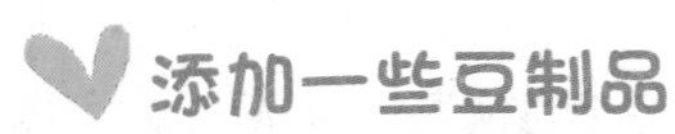

添加一些豆制品

不管是母乳喂养还是人工喂养，7个月时宝宝每天的奶量仍不变，分3～4次喂。辅食除每天给宝宝两顿粥或煮烂的面条外，还可添加一些豆制品，鸡蛋可以蒸或煮，但仍然只吃蛋黄。

给宝宝吃磨牙食物

宝宝出牙期间，要给他吃小饼干、烤馒头片等，让他练习咀嚼。

专为宝宝制作辅食

宝宝期是学习食用各种食品和养成进食良好习惯的关键时期。要专门制作适合宝宝各年龄段的食谱，不能随便用家长的饭菜喂食宝宝，以免造成宝宝消化不良及偏食、挑食等不良习惯和断奶困难。

增加含铁丰富的辅食

这个时期宝宝活动量增加，对营养素的需求也相对增加，尤其是对铁的需要量也相对增加。因此，随着宝宝消化能力的逐渐增强，乳牙的萌出，应增加含铁丰富的辅食，如蛋黄、动物肝、瘦肉及绿叶菜等，以补充机体内所需的铁，并预防缺铁性贫血的发生。

◆本月营养计划表◆

主要食物	母乳、配方奶、牛奶	
辅助食物	白开水、鱼肝油(维生素A、维生素D比例为3：1)、水果汁、菜汤、肉汤、米粉、蒸全蛋黄、菜泥、水果泥、粥、烂面条、肝泥、肉泥、动物血、豆腐	
餐次	每4小时1次	
哺喂时间	上午	6：00喂母乳10～20分钟，或配方奶150～180毫升；8：00喂蒸全蛋1个，温开水或水果汁或菜汁90毫升；10：00喂肝泥或肉泥30～60克，白开水50～100毫升；12：00喂粥或面条小半碗，菜、肉或鱼占粥量的1/3
	下午	14：00喂母乳10～20分钟，或配方奶150～180毫升；16：00喂菜泥或水果泥30～60克，温开水或水果汁或菜汁100毫升；18：00喂母乳10～20分钟，或配方奶150～180毫升
	夜间	20：00喂米粉30～60克，温开水或水果汁或菜汁30～50毫升；22：00喂母乳10～20分钟，或配方奶150～180毫升

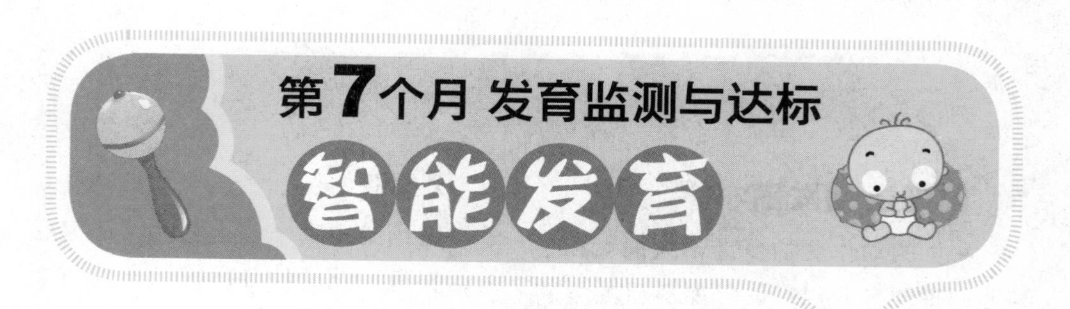

粗大运动

粗大运动发育水平

● 开始用上肢和腹部匍匐而行，爬时上下肢不协调，以后学会用手臂和膝盖向前协调爬行。

● 能拉物站起。

● 平卧时能自己把头抬起来。

达标训练

1.独坐

让宝宝坐硬床上，不给予支撑，训练其独坐，锻炼宝宝颈、背、腰的肌肉力量。

2.练习爬行

爬行是代表宝宝智能发展的重要动作之一，通过爬行可以锻炼宝宝的全身肌肉，扩大其视野并提高宝宝脑的统合能力。让宝宝俯卧并将宝宝喜欢的玩具放在前方，鼓励宝宝用力向前爬行去取玩具。必要时家长可用手轻推宝宝的脚掌给予协助。

3.翻身—连续翻滚

让宝宝平卧，用鲜艳带响的玩具在宝宝的一侧摇响，逗引他去取，当宝宝试图取玩具时，家长可将其胳膊轻轻推向有玩具的一方，帮助宝宝翻身抓住玩具。在此基础上还可以逐步训练宝宝连续翻滚。

4.做被动体操

可以给宝宝做被动体操，以锻炼宝宝全身肌肉，提高关节的灵活性。

精细运动

精细运动发育水平

- 手的动作更加灵活，大拇指和其他四指能分开对捏，开始有目的地玩玩具。
- 能手指弯曲做把弄和搔抓动作。
- 能把玩具从一只手换到另一只手。

达标训练

1.拿起放下

宝宝能准确抓握，又能将玩具倒手了。为了让他玩的东西更多，可训练宝宝拿起一个玩具，放下一个。这一般有个过程，开始宝宝不会有意识地撒手放下东西，可能只是随便地张手将玩具扔掉。这时家长可给予示范拿起、放下的动作，并反复强调“放下”，教宝宝模仿，训练宝宝把东西放在不同的位置上。如放在桌上、放在某某人手上、放进小筐里等等。

2.捏取

继续给宝宝一些小物品，让宝宝练习捏取。此时他会用拇指与其他指对在一起去捏，开始可能较笨拙，每日给他几次练习的机会，慢慢的他就会用拇指与食指相对准确地将小物品捏起。这个阶段一定要注意，不要让宝宝捏到一些硬物，特别要防止宝宝误投入口中造成危险。

3.对击玩具

选用不同质地和形状的带响玩具，让宝宝一手拿一个，如左手拿块方木，右手拿带响的塑料玩具，给宝宝示范并鼓励宝宝对敲，然后换不同质地和不同形状的玩具。鼓励他继续对敲，让宝宝在接触到不同质地和形状的同时也听到不同音质的声响，促进其感知能力的发展。

认知能力

认知能力发育水平

- 对周围环境兴趣提高。
- 能注视周围更多的人和物体，会把注意力集中到他感兴趣的事物和玩具上，并采取相应的活动。
- 会找藏起来的东西，所拿的玩

具落地后知道寻找。

● 有初步模仿能力。

● 能拿着玩具敲击桌面，或两个玩具对击。

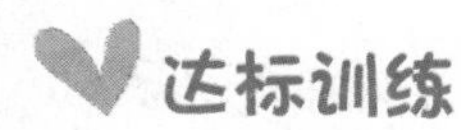

达标训练

1.寻找游戏

宝宝会坐、会爬后，活动的范围增加了。好奇心和探索能力也增强了，此时家长可与宝宝玩寻找东西的游戏。可先将有趣的玩具让他玩一会儿，然后当着他的面将玩具藏在你的身后或遮盖起来，再引诱宝宝寻找，找到后要赞扬他，鼓励他再玩儿。这不仅使他对物体有了整体的认识，初步理解物体的永恒性，而且在玩的过程中培养了他的好奇、乐于探索的心理品质及学习与人合作与交往。

2.听音找物

给宝宝看一些形象逼真的玩具和图片，告诉他名称并逗引他用眼睛去寻找，用手去指。反复练习，可促进宝宝听、视觉和动作的协调发展。

语言能力

语言发育水平

● 能发出简单音节如“打打”、“妈妈”和“爸爸”等。

● 能发出da-da、ma-ma等双唇音，但无所指。

● 能模仿咳嗽声、舌头咔哒声、咂舌声等。

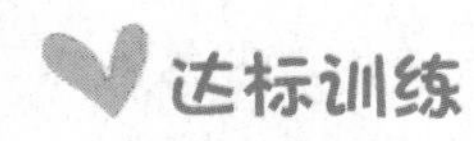

达标训练

1.认物和找物

将3～4种玩具放在宝宝够得着的地方。家长说：“给我娃娃，给我小车”等，让宝宝找相应的玩具递给家长。如果宝宝还未听明白，或者不知道玩具的名称，家长可以把玩具拿给他，告知他名称，再让他拿给家长。以后游戏可以扩展为取物品、取食物等，使宝宝认物范围不断扩大。

2.练习发音

经常训练宝宝发音，如让宝宝叫“爸爸”、“妈妈”，说“拿”、“打”、“娃娃”等。父母要多和宝

宝说话，多引他发音，尽量扩大宝宝的词汇量，在日常生活中训练宝宝理解语言的能力。

3.听音乐和儿歌

坚持每天给宝宝播放一些音乐，让宝宝听一些朗朗上口的儿歌，进一步开发宝宝的语言能力。

社会交往能力

社会交往能力发育水平

● 已经开始认人，能区别熟人和生人。

● 部分宝宝能模仿家长摇手表示再见。

● 陌生人和熟悉的人比较，宝宝与对方交流时发音的频度、力量和情绪等都有着明显的区别。

● 看到镜中的影像，能作出拍打、亲吻和微笑的反应。

达标训练

1.用杯子喝水

宝宝吸吮是天生的本领，随着他的发育成长，牙齿也开始萌出。此时要逐渐减少用奶瓶吸吮的机会，训练他用杯子喝水。方法是采用一个透明的杯子，装水后可以看到液面。先由家长扶着给宝宝喝水，同时教宝宝双手扶杯，家长协助，逐渐过渡到宝宝自己扶杯子喝水和喝奶。

2.“再见”、“欢迎”学交往

这阶段的宝宝还不会说话，但已经开始理解语言，要帮助他逐渐建立语言和动作的联系。这时要说、做平行，教宝宝学习和家长交往。爸爸要上班了，对宝宝说：“再见”，同时，握住他的小手臂摆手表示再见。奶奶回家了，说：“欢迎”，同时握住宝宝的两只小手拍拍。爷爷给宝宝拿来香蕉，要说：“谢谢”，同时，握住宝宝的两手使其合在一起，上下摇动表示感谢爷爷。

总之，在任何场合和机会，反复教宝宝做这些经常交往的动作。慢慢的，宝宝会听懂妈妈的话，只要妈妈说：“再见”，他会自动摆手；说“欢迎”，他会拍手；说“谢谢”，他会做出相应的动作。每次做对时，家长要亲亲宝宝加以赞扬，以巩固这种语言与动作的联系。

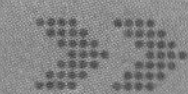

7个月宝宝综合测评

1.学认第一个身体部位(手、耳、鼻及其他部位)：(以10分为合格)

A.听声会伸手去指(12分)

B.听声有动作表示(挤眼、纵鼻、撅嘴等)(10分)

C.眼看(6分)

D.不会(0分)

2.寻找藏起之物：(以8分为合格)

A.盖住大半露出一点的玩具(8分)

B.露出一半的玩具(6分)

C.露出大半的玩具(4分)

D.眼看手不去拿(2分)

3.按吩咐把玩具给爸爸、妈妈、奶奶：(以10分为合格)

A.3人(15分)

B.2人(10分)

C.1人(5分)

D.不会(0分)

4.用食指抠洞、转盘、按键、探入瓶中取物：(以10分为合格)

A.4种(12分)

B.3种(10分)

C.2种(8分)

D.1种(4分)

5.弄响玩具：(以5分为合格)

A.捏响(8分)

B.摇响(5分)

C.踢响(3分)

D.不响(0分)

6.做动作表示语言“再见”、“谢谢”、“您好”等：(以10分为合格)

A.3种(10分)

B.2种(7分)

C.1种(5分)

D.不会(0分)

7.知道家长的表情：(以10分为合格)

A.高兴、悲伤、生气三种(10分)

B.高兴、生气两种(8分)

C.高兴或生气中1种(2分)

D.不会(0分)

8.看到亲人：(以5分为合格)

A.展开双手要人抱(5分)

B.大声呼叫(4分)

C.手足乱动着急(3分)

D.无表示(0分)

9.便前：(以10分为合格)

A.出声表示(10分)

B.动作表示(8分)

C.学会坐盆(2分)

D.不表示(0分)

10.学坐或匍行：(以10分为合格)

A.自己扶物站起(10分)

B.叫唤让人帮助站起(8分)

C.不站起(0分)

11.手腹匍行：(以12分为合格)

A.用手巾吊起腹部可用手膝爬行(12分)

B.手腹向后匍行(10分)

C.打转不匍行(4分)

12.俯卧时：(以10分为合格)

A.自己坐起来(10分)

B.扶物翻至仰卧再扶物坐起(8分)

C.要家长扶住坐起(6分)

结果分析

1.2.3题测认知能力，应得28分；

4.5题测精细动作，应得15分；

6题测语言能力，应得10分；

7.8题测社交能力，应得15分；

9题测自理能力，应得10分；

10.11.12题测大肌肉运动，应得32分。

共计可得110分。总分在90～110分之间为正常，120分以上为优秀，70分以下为暂时落后。

哪道题在及格以下，可先复习上月相应试题，通过后再练习本月的试题。哪道题常为A，可跨越练习下月同组的试题，使优点更加突出。

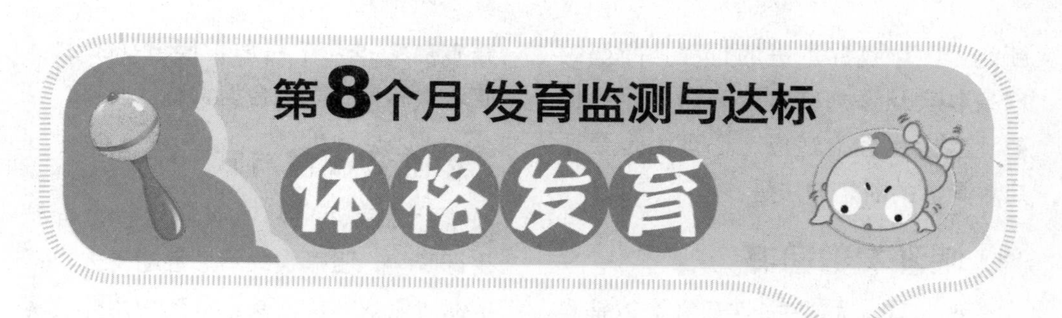

体格发育监测标准

男宝宝

身长 66.1～76.5厘米，平均71.3厘米

体重 7.0～11.0千克，平均9.0千克

头围 42.4～47.6厘米，平均45.0厘米

胸围 40.7～49.1厘米，平均44.9厘米

囟门 前囟2×2厘米

牙齿 长出0～4颗

女宝宝

身长 64.7～74.7厘米，平均69.7厘米

体重 6.5～10.2千克，平均8.4千克

头围 41.2～46.3厘米，平均43.8厘米

胸围 39.7～47.7厘米，平均43.7厘米

囟门 前囟2×2厘米

牙齿 长出0～4颗

体格发育促进方案

经过了一段时间的过渡准备，在这个月中，如果宝宝身体健康的话，就应该断奶了。在正式断奶期间，父母要掌握正确的方式。妈妈要理解

断奶是一个循序渐进的过程，断奶的准备其实从添加辅食就开始了，不但要让宝宝生理上适应，心理上也要适应。具体的断奶方法是：

哺乳次数递减

每天可以先减去1次母乳，以辅食替代。等宝宝适应辅食后可继续减少母乳次数，至1岁左右就可以断奶了。

食物过渡

从宝宝4～5个月起，家长应适当给宝宝喂一些蛋黄、菜泥等易消化的辅食。经过几个月后，慢慢让宝宝从吃流食转变到吃混合型食物。

改变饮食方式

让宝宝适应从吮吸乳汁转为自己用牙咬切、咀嚼食物然后吞咽下去，适应从吮吸妈妈的乳头进食转为用杯、碗喝，用小勺将食物送入口中。

另外，家长还要改变一下喂食方式，由从前的妈妈一人喂食转变成爸爸、奶奶等多人喂食。

◆本月营养计划表◆

主要食物	母乳、配方奶	
辅助食物	白开水、鱼肝油(维生素A、维生素D比例为3：1)、水果汁、菜汁、菜汤、肉汤、米粉（糊）、蒸全蛋黄、菜泥、水果泥、肉末、碎菜末、稠粥、烂面条、肝泥、肉泥、动物血	
餐次	每4～5小时1次	
哺喂时间	上午	6：00喂母乳10～20分钟，或牛奶或配方奶150～200毫升，面包一小片；8：00喂温开水或水果汁或菜汁120毫升；10：00喂牛奶200毫升，蒸鸡蛋1个，饼干2块；12：00喂肝末（或鱼末）粥一小碗
	下午	14：00喂母乳10～20分钟，或牛奶或配方奶150～200毫升，馒头一小块；16：00喂菜泥或水果泥30～60克，肉汤50～100毫升；18：00喂烂面条或软饭一小碗，碎菜末或豆腐或动物血30克
	夜间	20：00喂温开水或水果汁或菜汁100～120毫升；22：00喂母乳10～20分钟，或牛奶或配方奶150～200毫升

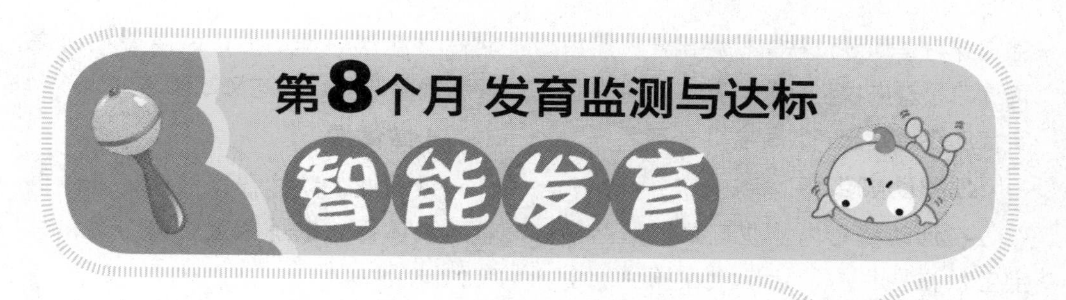

粗大运动

粗大运动发育水平

● 坐得较稳、会爬。

● 身体能够随意向前倾，然后再坐直。

● 会独坐(坐姿平稳地独坐10分钟以上)，而且能扶着栏杆站立片刻，能爬前爬后。

● 能由立位坐下，坐位躺下，俯卧时用手和膝趴着能挺起身来。

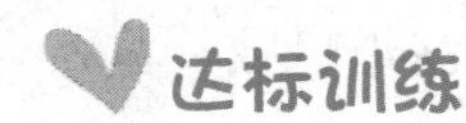

达标训练

1.爬行

爬行是运动发展过程中的一个重要阶段，是一种极好的全身运动。爬行能使全身各个部位都参与活动，锻炼肌力，为站立和行走做准备。当宝宝爬行时，他需要昂首挺胸，上下肢支撑身体，动作要协调才能保持平衡。由于姿势的经常变换，还能促进小脑平衡功能的发展。爬行促进宝宝眼、手和脚协调运动，从而促进大脑的发育。

让宝宝俯卧，他会把头仰起，用手把身体支撑起来，此时，家长可把宝宝的腿轻轻弄弯，放在他的肚子下，再将宝宝喜欢的玩具放在前方，逗引和鼓励宝宝用力向前爬行去够取玩具。必要时家长可用手轻推宝宝的脚掌或轻轻捅一下宝宝的臀部协助其爬行。

2.拉物站起

将宝宝放入有扶栏的床内，先让

宝宝练习自仰卧位扶着扶栏坐起，然后再练习拉着床扶栏站起。熟练后可训练宝宝反复拉站起来，再主动坐下。

3.挪动脚步

在活动扶栏内挂些玩具，然后将宝宝放在扶栏内，让宝宝在扶栏下主动站立起来的基础上，跟随着栏内慢慢移动的玩具，练习挪动脚步。

4.做体操

继续做被动体操，然后试着做少量主动体操，锻炼宝宝肌肉力量和关节的灵活性。

精细运动

精细运动发育水平

● 会拍手，会用手挑选自己喜欢的玩具玩，但常咬玩具。

● 能两手拿玩具，并能自如地伸手拿玩具。

● 能用拇指、食指和中指指端拿起玩具，并且玩具和手掌之间有空隙。

● 能成功地用拇指和屈曲的食指的桡侧抓起小丸。

达标训练

1.指拨玩具，练习手指动作

让宝宝坐着，家长用手把住宝宝的食指，教他拨弄玩具，如小转盘、小按键、算盘珠子等，使玩具转动或发出声音，引起他拨弄的兴趣。也可自己做一个练习抠洞的硬纸盒，纸盒上面贴上有趣的图画，在上面开一个个小洞，让宝宝用手指抠洞玩。

2.培养拇、食指对捏能力

这一时期是宝宝探索事物的萌芽期，更是发展拇、食指对捏重要动作的关键时期。

训练拇、食指对捏首先从练习捏取小的物品如小糖豆、大米花等入手，每日可训练数次。训练拇、食指对捏时，家长一定要陪宝宝一起玩，以免他将这些小物品塞进口腔、鼻腔发生危险。

3.培养对敲、摇动能力

选用不同质地和形状的带响玩具，让宝宝一手拿一个。如左手拿块方木，右手拿带响的塑料玩具，家长示范和鼓励宝宝拿玩具对敲，然后更换不同质地和不同形状的玩具，鼓励他继续对敲，通过接触这些不同质地和形状的玩具培养宝宝手的灵活性，全面开发宝宝手的功能。

认知能力

认知能力发育水平

● 有初步模仿能力。

● 用玩具逗引宝宝，当他快要取到玩具时将玩具移到稍远的地方，他会持续追逐玩具，力图拿到。

● 能用手中的玩具明确地击打或推动另一个玩具，而不是手中的两个玩具偶尔相碰。

● 能听声寻物。

达标训练

1.欣赏大自然

父母抱着宝宝或推着童车，带着与宝宝共同欣赏大自然的舒畅心情，一起慢悠悠地散步，把这当作经常的活动。在这种良好的自然环境中，既有利于宝宝的健康，又可提高宝宝的认知能力。

2.认识身体部位

在宝宝高兴时，先指认宝宝身体的某个部位，然后再问如“宝宝的小手在哪里”等问题，若宝宝无表示，则继续指着宝宝小手说在这里。如此类推，让宝宝逐步认识身体各部位。

3.认图识物

宝宝情绪愉快时，可以给他出示一些色彩鲜艳，图像清晰的动物、水果、人物等图片，每次只给一张，不要一次给太多，经过多次的复习，在宝宝确实认识后，再给宝宝添加新的图片。

疫苗接种备忘录

注射麻疹疫苗。

语言能力

语言发育水平

● 开始懂得语意，认识一些物体。

● 能模仿弄舌和咳嗽的声音。

● 能明确地连接两个或两个以上的辅音，如da－da或类似的音，但不是有意识地发音。

● 当宝宝听到“不”或“不动”的声音时，能暂时停一下手里的活动，稍后可能继续做他正在做的事情。

● 已经能分辨自己的名字，当有人叫宝宝的名字时有反应。

● 能用手势与人交往，如伸手要人抱，摇头表示不同意等。

● 能模仿家长发出单音节词。有的宝宝已经会发出双音节词“妈妈”了。

达标训练

1.练习发连续音节，将音与人和物联系起来

家长每天同宝宝聊天，发出“爸爸、妈妈、娃娃和拍拍”等音节，让宝宝看着你的口型模仿，发音同时指相应的人和物，或同时做出动作。如玩娃娃时，说：“拍拍娃娃睡觉。”“拿拿”，伸手取东西。“咳咳”时，咳嗽几声。有的宝宝当听到“怎么咳嗽呀？”时，他会发出咳嗽声。

2.碰碰头，促进语言和动作联系

面对你的宝宝，扶着他的腋下，用自己的额部轻轻地触及宝宝的额部，并亲切愉快地呼唤他的名字说：“碰碰头”。重复几次后，当你说“碰碰头”时？他就会主动把头凑过来，并露出愉快的笑容。

3.模仿发音，理解语言

继续练习模仿发音，让宝宝掌握一些有意义的名词如“爸爸”、“妈妈”之类的称呼，和一些简单的动词如“坐”、“走”、“站”等，在指引他模仿发音后要诱导他主动地发出单字的辅音。并通过语言和示范的动作配合，教宝宝理解更多的词汇与语言。

4.给宝宝讲故事

买一些构图简单、色彩鲜艳、故事情节单一、内容有趣的宝宝画报，在宝宝有兴趣时，指点画册上的图像，一边翻看，一边用清晰、缓慢、准确的语调声情并茂地给他讲故事，同一故事应反复地讲。

社会交往能力

社会交往能力发育水平

● 能够辨别和理解家长的不同态度、脸色和声音，并且能够做出不同的反应。

● 家长站在宝宝面前，伸开双手招呼他时，他会发出微笑，并伸手要人抱。

● 喜欢捉迷藏，会开怀大笑。

● 跟宝宝玩拍手游戏时，他会合作并模仿。

达标训练

1.指鼻子，认识五官

家长抱宝宝在镜子前，把着他的小手指他的鼻子说："鼻子"，然后再把着他的小手，指家长的鼻子，让宝宝模仿。如果他指对了，就亲他一下说："对！宝宝真聪明！"学会指鼻子后，再指眼和嘴，一样一样学，不要一次学几种。

2.懂得"不"

宝宝喜欢把东西放进嘴里吸吮，到了这一年龄应该制止，不然会养成不讲卫生的习惯。家长要一面说"不"，一面摇头摆手做出不许的表情。如果宝宝听懂了不继续干了，就应该马上说："好宝宝，真听话！"如果继续做，就要一面制止活动，一面板着面孔说"不好"。

如果宝宝抓不该抓的东西，要给予"不"的警告。有时宝宝在伸手取物之前，常常要看看家长的表情，这时家长会摇头、噘嘴，或有不高兴的表示，宝宝就会懂得不，停止取物。有时宝宝实在憋不住，仍想继续干，这时家长应当严肃地说"不"，给予制止。如果此时宝宝不听，就要强行把他手上的东西拿走，不能怕宝宝哭闹，让他养成不良的习惯。

3.观察模仿家长的行为

家长要经常有意地在宝宝面前做些事情，引导宝宝观察："宝宝看爸爸拿什么呢？""妈妈提着菜筐上街了！"让他通过观察了解模仿家长的各种行为。

8个月宝宝综合测评

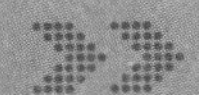

1.按家长吩咐拿玩具：(以12分为合格)

A.5种(15分)

B.4种(12分)

C.3种(9分)

D.2种(6分)

2.认识身体部位：(以8分为合格)

A.3处(12分)

B.2处(8分)

C.1处(4分)

D.不会(0分)

3.揭纸取到玩具：(以5分为合格)

A.揭开再盖上玩(7分)

B.揭开取到玩具(5分)

C.找不着(0分)

4.用食指按电视、录音机、电灯、收音机等电器的开关：(以10分为合格)

A.5种(14分)

B.4种(12分)

C.3种(10分)

D.2种(8分)

E.1种(4分)

5.称呼：(以10分为合格)

A.见父叫爸，见母叫妈(15分)

B.叫爸妈中一人(10分)

C.无人时乱叫(5分)

6.用姿势表示：再见、谢谢、鼓掌、亲亲、虫虫飞、蝴蝶飞及其他：(以12分为合格)

A.5种(15分)

B.4种(12分)

C.3种(9分)

D.2种(6分)

E.1种(3分)

7.会给娃娃服务：(以5分为合格)

A.盖被(5分)

B.拍他睡觉(3分)

C.抱娃娃，哄他勿哭(2分)

D.不喜欢他，扔掉或摔他(1分)

8.懂得害羞：(以8分为合格)

A.当别人谈到自己时藏到妈妈身后(8分)

B.躲到妈妈怀中(5分)

C.不理会别人谈话(0分)

9.会拿勺子：(以10分为合格)

A.凹面向上盛到食物(10分)

B.凸面向上盛不到食物(5分)

C.拿勺子乱搅不盛食物(2分)

10.家长帮助穿衣服时：(以10分为合格)

A.伸手和头配合(10分)

B.会伸手(5分)

C.不配合(0分)

11.学爬：(以10分为合格)

A.手膝爬行(10分)

B.手腹膝匍行(5分)

C.俯卧打转(3分)

D.俯卧不动(0分)

12.扶物站立：(以10分为合格)

A.横行跨步(10分)

B.扶站不稳(5分)

C.不能从爬行扶起站立(2分)

结果分析

1.2题测认知能力，应得20分；

3.4题测精细动作，应得15分；

5.6题测语言能力，应得22分；

7.8题测社交能力，应得13分；

9.10题测自理能力，应得20分；

11.12题测大肌肉运动，应得20分。

共计可得110分，总分在90～110分之间为正常，120分以上为优秀，70分以下为暂时落后。

哪道题在及格以下，可先复习上月相应试题，通过后再练习本月试题。哪道题常为A，可跨越练习下月同组的试题，使优点更加突出。

专题讲座3：宝宝睡眠

睡眠是一种生物本能，人在睡眠时，全身肌肉松弛，对外界刺激反应减低，心跳、呼吸、排泄等活动减少，有利于各种器官恢复机能。人体内的生物钟支配着内分泌系统，释放各种激素。其中有一种生长激素，其作用是促进肌肉新陈代谢，恢复体力，促使骨骼成长。

儿童时期，此激素分泌呈现夜多昼少的规律，晚上1点到凌晨5点之间释放的生长激素差不多是白天的3倍。显然，如果婴幼儿长期晚睡，必将影响生长激素的正常生理分泌，对生长发育颇为不利，尤其是对身高影响较大。

因此，为了婴幼儿健康生长发育，父母应给他们安排有规律的作息时间，养成晚上定时睡觉的习惯，保证充足的睡眠时间。

孩子睡眠时间的掌握如下：新生儿每天20小时；2～5个月的婴儿每天17～18小时；6～12个月的婴儿每天14～15小时；1～3岁的孩子每天12～13小时；3～7岁的孩子每天10～12小时；7岁以上的孩子每天9～10小时。

1.判断孩子的睡眠深度

宝宝的睡眠形式有两种：安静睡眠（深睡眠）和活动睡眠（浅睡眠）。

深睡眠 睡眠安静，脸部和四肢呈放松状态，呼吸非常均匀，偶有鼻鼾声。即使偶尔有惊跳动作或嘴角摆动，仍属完全休息状态。

浅睡眠 整个睡眠过程不安静，眼虽然闭合，但可见到眼球快速运动，宝宝偶尔短暂地睁开眼睛，四肢和躯体有一些活动，脸上常显出可笑的表情，如微笑和皱眉，有时出现吸吮或咀嚼动作，轻微的声响就可引发惊跳动作，有时甚至突然啼哭。

专家指出 浅睡眠时，一些极其轻微的声音均可引发宝宝突然惊跳，使家长认为宝宝是受了惊吓，并急忙抱起宝宝，其实这会扰乱宝宝正常睡眠。一些宝宝浅睡眠时会突然啼哭(可能与做梦有关)，但家长却担心是饿了，急忙抱起喂奶，而此时宝宝并不希望被打扰，因而以大声啼哭抗议，父母见此情景愈发着急，拼命用各种方式安抚宝宝。有些家长则误认为孩子患病，急忙抱到医院，到医院时才发现宝宝已安然入睡。

由此可见，婴幼儿浅睡眠时可多次出现躯干和肢体的部分运动以及轻声抽泣，这是睡眠中的正常生理现象，所以没必要认为是孩子睡眠不好，更不要抱起来或喂奶。此时，可暂时不触碰孩子，如果哭出声音来，可以轻轻拍一拍，稍加片刻宝宝就又会进入深睡眠了。

2.帮助宝宝睡眠的方法

给宝宝创造好的睡眠环境

良好的睡眠对宝宝的生长发育非常重要，在婴儿早期，吃饱喝足时宝宝每天的睡眠时间可达到20小时左右。随着时间的推移，他的睡眠时间会逐步减少，而且也日趋规律。

宝宝睡着时，父母大都轻手轻脚，不敢惊动他，其实大可放心，婴儿一般都具有适应外界环境的能力。如果宝宝从小习惯于在过分安静的环境中睡眠，那么反而一点响动都可能把他惊醒。可以在宝宝睡眠的时候，用小音量播放一些轻柔优美的音乐。一方面可以促使宝宝安然入睡，另一方面也能锻炼宝宝在周围有轻微声音时也能睡得安稳。

有的人主张宝宝出生后让他自己睡小床，认为睡眠时父母呼出的空气，会影响宝宝吸到的空气质量，而且父母有可能压迫到宝宝的身体，这种说法有一定道理。但也有人认为，父母整天忙于工作，只有晚上有时间与孩子交流，而且入睡前也是发展亲子关系的良好时机。

如果父母睡前能给宝宝唱唱儿歌，说说童谣，讲讲故事，这会增进父母与宝宝之间的感情，也有益于宝宝的智力发展。可以等宝宝睡着以后，再把宝宝抱到自己的小床上去。但最好把小床放在离父母大床不远的地方，便于父母夜里起来照顾宝宝。

还要注意，在室温正常的情况下，宝宝的被子不要盖得过厚，而且宝宝睡觉的房间应该保持空气新鲜，即便在冬季，也应时常打开门窗通风换气。

睡前给宝宝一杯温暖的牛奶

睡眠，在人的生命过程中占有非常重要的地位。对幼儿更是如此。睡得好有助于孩子的健康成长，一般来说，年龄愈小，所需要的睡眠时间就愈长。牛奶有镇静安神的作用，可以提高孩子的睡眠质量。

科研人员经研究发现，牛奶之所以具有镇静安神作用是因为其含有一种可抑制神经兴奋的成分。

意大利热那亚市女研究员罗塞拉·阿瓦洛内曾撰写的一份研究报告说，人们日常食用的牛奶等一些食物，其中含有一定数量的起镇静安神作用的物质，如苯甲二氮䓬。阿瓦洛内认为，除牛奶外，大豆、谷类等食物也具有显著的安神功效。

阿瓦洛内建议，当你心烦意乱的时候，不妨去喝一大杯牛奶安安神。睡前喝一杯牛奶可促进睡眠。

安抚宝宝睡前情绪

睡前，不要让宝宝太兴奋，如果宝宝在睡觉前有一个习惯性地哭闹前奏，不要立刻把宝宝脱光。父母应该平时留心，掌握宝宝的睡眠习惯，帮助宝宝建立起一个良好的睡眠反射习惯，在哭闹前奏开始之前就可以做准备，逗他笑，让他心情愉快。然后才可以帮宝宝脱衣服。

给宝宝洗个暖澡澡

宝宝情绪平稳后，就可以开始为宝宝清洗身体。将宝宝的身体打湿，用掌心轻轻揉搓至全身，直至身体微微发红，力度不能太大，也不能太轻，沐浴露可以隔天用一次，用清水冲干净后，涂上润肤露，取一块大毛巾将宝宝全身包住，擦干后，放进睡袋里面。整个过程要快，动作干脆，室温调节在25℃左右。

宝宝睡着前别离开

宝宝躺下后，不要立刻走开，你可以看着他的眼睛，跟他说话，轻轻哼歌或者拍拍他的身体，各种温和的适合你宝宝的活动都可以，直到他睡着。有些妈妈在宝宝闭上眼睛后就会马上起身去做其他事情，其实这个时候很有可能宝宝并没有真正睡着，你一走开，他就会醒，这样的过程有过几次后，你就会发现宝宝变得不容易睡着了。正确的做法是，看见宝宝闭上眼睛，将刚才的活动延续一会儿。然后不妨坐在宝宝身边找本书看看，一段时间后再离去，这样做的目的是要和宝宝之间建立起足够的信任感。

宝宝入睡时间最好别超过21点

儿童的身高与生长激素的分泌有着重要的关系。生长激素能够促进骨骼、肌肉、结缔组织和内脏的生长发育。生长激素分泌过少，势必会造成宝宝身材矮小。而生长激素的分泌有其特定的节律，即人在进入慢波睡眠（深睡）一小时以后逐渐达到高峰，一般在22时至凌晨1时为生长激素分泌的高峰期。

因此，家长如果希望宝宝长得高，宝宝睡觉最迟不能超过晚上21时，使宝宝尽快进入慢波睡眠，紧紧抓住生长激素的分泌高峰期。

3. 宝宝睡眠的三种姿势

仰卧睡姿

一般中国的父母都习惯于让婴儿采用仰卧的睡姿，仰卧时便于父母直接观察婴儿脸部的表情，宝宝的四肢能够自由地活动。但是仰卧时宝宝容易发生呕吐，由胃反流到食道的食物吐出后，会聚积在宝宝的咽喉处，不易由口排出，较易呛入气管及肺内，发生危险；另外对宝宝的呼吸不利，由于受重力影响，喉部会阻挡呼吸气流自由进出气管口，一旦气流阻力增大，宝宝在仰睡时呼吸就会有杂音（鼾音），造成呼吸困难，对原本呼吸就不顺畅的婴幼儿不合适。

俯卧睡姿

父母普遍认为，小婴儿趴着睡容易阻碍宝宝呼吸引起窒息。其实刚出生的新生儿就具备了自身防御的能力，当脸朝一侧俯卧时，他会本能地将口鼻露出来，舒畅地呼吸。趴着睡反而有助于胸廓和肺的生长发育。因为趴着时宝宝的胸部压迫床，床的反作用力正好按摩小儿的胸廓，能提高宝宝的肺活量。宝宝如果发生吐奶时，也会顺着嘴角流出，不会因呕吐物吸入气管而发生窒息。

欧美国家的父母都喜欢让孩子以俯卧姿势入睡。当然俯卧也有一些缺点：父母不容易观察宝宝的表情；婴儿口水易外流；口鼻容易被被褥等外物阻挡而造成呼吸困难；婴儿的四肢活动不方便。

侧卧睡姿

侧卧最好采用右侧位，能避免心脏受压，又能预防吐奶，特别是刚吃完奶后宝宝更应右侧卧，有利于胃内食物顺利进入肠道。但是始终朝一侧睡，易发生脸部两侧发育不对称以及歪扁头，也有可能造成斜视；而且宝宝不容易维持侧卧姿态。

这三种睡姿各有长短，1岁以内的婴儿要仰卧、俯卧、侧卧3种姿势交替睡，每天不能总固定一个姿势。父母要根据孩子的特点和不同的情况，交替选择适合宝宝的睡眠姿势，这样不仅可以使宝宝有优质的睡眠，而且宝宝的容貌也会长得更漂亮、更端正。

4. 影响宝宝睡眠的误区

误区一：抱着宝宝入睡

抱着睡确实可以让宝宝获得安全感，但也容易让宝宝形成依赖性，等宝宝大一点，再想改变就很困难。这种过分依赖心理还会延长宝宝睡眠时间，容易造成入睡困难。这对宝宝养成独立入睡的习惯会造成不良影响。

误区二：宝宝爱什么时候睡就什么时候睡，至于睡眠习惯，等他快上幼儿园时再调整就可以了

0～1岁是宝宝睡眠行为形成的关键期，24小时的昼夜节律一般在1岁以内就已经建立了。宝宝四五个月大时睡眠已经比较有规律了，这时就可以有意识地培养他良好的睡眠习惯。否则，不良的睡眠习惯一旦形成，再去纠正就很难了。

误区三：不管宝宝什么时候入睡，只要睡眠的时间总量够了就行

充足的睡眠对于宝宝的生长发育非常重要，因为在睡眠中生长激素分泌要比平时多3倍。但是，只强调宝宝的睡眠时间总量是不够的，还要注意他的睡眠质量。入睡越晚，深睡眠所占的比例就越少。而深睡眠和宝宝的生长发育是直接相关的，因为生长激素主要在深睡眠阶段分泌。所以，要让宝宝养成早睡早起的习惯，晚上8～9点睡觉为宜。

误区四：宝宝的睡眠时间必须达到他这个年龄段的平均要求

虽然每个阶段的宝宝都有睡眠需求量，但这是一个平均值，宝宝之间存在个体差异，有的宝宝可能睡得少一些。只要宝宝的精神状态好、食欲正常、体重增长良好，就不用担心。但是如果睡眠时间明显比平均值少，比如一般新生儿要睡16～18个小时，你的宝宝只睡到12个小时，就需要咨询医生，进行生长发育方面的检测。

误区五：宝宝一定要睡午觉

如果宝宝已经满3岁了，晚上的睡眠质量很好，而且睡眠的时间总量也够，就能够满足他生长发育的需求，不必要求他一定要睡午觉。而且，如果宝宝白天不睡觉，活动量很大，会消耗很多的精力，这样他在晚上会睡得很香，睡眠质量很高。

误区六：让宝宝含着乳头睡觉

有些年轻妈妈为了哄婴儿睡觉，常常把乳头放在婴儿嘴里，让婴儿边吃奶边睡觉，结果，往往婴儿睡着了，嘴里还含着乳头，这种做法是不正确的。

婴儿鼻腔狭窄，睡觉时常常口鼻会同时呼吸，含着乳头睡觉将有碍口腔呼吸。另外，如果母亲睡着了，乳房容易把孩子的口鼻同时堵住，这样会造成婴儿窒息。经常让婴儿含着乳头睡觉，还容易使母亲的乳头开裂，并且容易养成婴儿离开乳头就睡不着觉的坏习惯。因此，从小时候起，就不要让婴儿含着乳头睡觉。

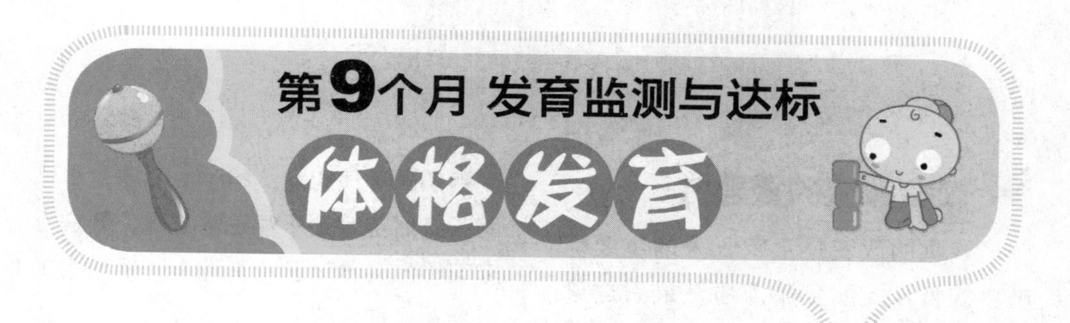

体格发育监测标准

男宝宝

- 身长 68.4～79.2厘米，平均73.8厘米
- 体重 7.4～11.5千克，平均9.4千克
- 头围 43.1～48.3厘米，平均45.7厘米
- 胸围 41.6～49.6厘米，平均45.6厘米
- 囟门 前囟2×2厘米
- 牙齿 平均0～4颗乳牙

女宝宝

- 身长 67.1～77.6厘米，平均72.3厘米
- 体重 6.9～10.7千克，平均8.8千克
- 头围 42.1～46.9厘米，平均44.5厘米
- 胸围 40.4～48.4厘米，平均44.4厘米
- 囟门 前囟2×2厘米
- 牙齿 平均0～4颗乳牙

体格发育促进方案

饮食改变的重要性

饮食的改变是宝宝长大的重要标志，饮食从流质到半流质，最后过渡到正常的固体饮食，一方面是宝宝身体成长的需要，另一方面也是宝宝咀嚼、消化、吸收能力发展的表现。

循序渐进断奶

传统的断奶方式要在短时间之内达到某种效果，但宝宝往往需要独自承受断奶的不适应症。科学的做法是，刚刚断奶后宝宝还不能正常进食，要在宝宝习惯的各种辅食的基础上，逐渐增加新品种，使宝宝有一个适应的过程，逐渐把流食、半流食改为固体食品。这一时期的饮食调理非常重要，密切关系着以后的营养状况。

尽量使宝宝从一日三餐的辅助食物中摄取所需营养的2/3，其他用新鲜牛奶或配方奶补充。

◆本月营养计划表◆

主要食物		母乳、配方奶、牛奶
辅助食物		白开水、鱼肝油(维生素A、维生素D比例为3：1)、水果汁、菜汁、菜汤、肉汤、米粉(糊)、菜泥、水果、肉末(松)、碎菜末、稠粥、烂面条、肝泥、肉泥、动物血、豆腐、蒸全蛋、磨牙食品
餐次		每8小时1次
哺喂时间	上午	6：00喂母乳10～20分钟或牛奶或配方奶150～180毫升；8：00喂粥一小碗(加肉松、菜泥、菜末等2～3小勺)；10：00喂温开水或菜汁100～120毫升，水果1～3片；12：00喂蒸鸡蛋1个，饼干2块
	下午	14：00喂母乳10～20分钟或牛奶或配方奶150～200毫升，米粉一小碗；16：00喂碎菜末或豆腐或动物血30～60克；18：00喂烂面条或稠粥一小碗，肝末或肉末或碎菜末30～50克，肉汤50～100毫升
	夜间	20：00喂温开水或水果汁或菜汁100～120毫升，磨牙食品若干，水果1～3片；22：00喂母乳10～20分钟或牛奶或配方奶150～180毫升

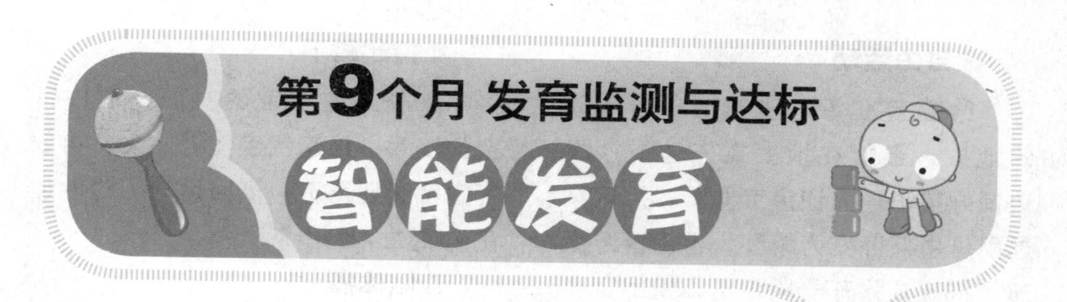

粗大运动

粗大运动发育水平

- 能独自坐平稳，不再摔倒。
- 在不需要任何帮助的情况下，能自发地翻到俯卧的位置。
- 能自己从俯卧转到坐位。
- 能扶着小窗或围栏自发地抓住栏杆站起来，到身体完全直立。
- 俯卧时，能将躯体抬高，用手、膝盖或者手和脚以交替或交叉的方式活动。

达标训练

1.扶站—独站

你的宝宝长到此时会越来越不安分，他已不愿总是一个姿势或总在一个小范围活动。这时可给宝宝准备一些活动场所，如带栏杆的小床、活动圈，或是沙发前、床前空出一块地方，让宝宝扶着或靠着练习站立。开始他可能像个不倒翁，摇摇摆摆，家长可在其两侧用些力扶着他站好，并鼓励他练习独自站立片刻。或者，开始时训练宝宝稍靠着物体站立，以后逐渐撤去作为依靠的物体，让宝宝练习独自站立，哪怕只是片刻。但注意一定要保护好宝宝，以免摔倒而影响下一次的练习。

2.扶着坐下

在宝宝处于扶站姿势时，可有意识地把一些玩具放在他的下面，鼓励宝宝坐下去拿，这需要宝宝手与身体的稳定配合动作。开始宝宝可能是一下子摔坐下去，要注意保护好，逐渐地训练宝宝自己慢慢地坐下去取东西。

3.自由活动

给宝宝准备一块安全自由活动的地方，最好在地上靠床边或沙发边铺好垫子。先让宝宝仰卧，用玩具逗引。由仰卧变为俯卧，再由俯卧坐起，将玩具移开一段距离，使宝宝爬过去取玩具。以后锻炼使宝宝抓住床边站立起来。总之，在宝宝觉醒时鼓励宝宝自己活动，不要经常抱着，限制宝宝活动的机会。

4.拉起蹲下

家长站在宝宝的对面，握住宝宝的双手，拉起宝宝使他站立，再放下宝宝让他蹲下，来回运动。边做边说:“起立，蹲下”。

5.做体操

继续练习八节被动体操，开始试做主动体操，锻炼宝宝的全身肌肉和关节的灵活性。

精细运动

精细运动发育水平

- 能用食指和拇指捏起小东西。
- 能投物进容器。
- 能用拇指和卷曲的食指侧面抓起小东西。在抓握时，其他手指仍然松弛地卷曲着不弯或伸展。

达标训练

1.训练拇、食指的对捏能力

9个月正是食指拇指对捏动作的关键时期，一定要抓住这个时期积极训练。从拇指食指抓取，发展至用拇指和食指相对捏起，每日可训练数次。

2.投物进容器

在宝宝能有意识地将手中的玩具放下的基础上，训练宝宝将手中的一些小物品投入到一个大容器中，比如将彩球投入到小盆或小桶中，将木块放进小盆子里。也可选择一些带孔的玩具，让宝宝将一些小东西从孔洞中投入，将小米花放进小瓶子里等。

3.放入和取出

在宝宝面前放一个广口瓶或杯子，另将一块小方木放在宝宝手中，家长先示范，将方木投入瓶或杯子内，然后鼓励宝宝将方木从瓶或杯子内取出，可连续练习几次。

4.练习对敲、摇动能力

相继给宝宝两块方木或两种性质的小型玩具，鼓励宝宝两手对敲玩具，或用一只手的玩具去击打另一只手中的玩具。也可给宝宝的一只拨浪鼓或铃鼓，鼓励他主动摇晃，聆听拨浪鼓和铃鼓发出的悦耳声音。

认知能力

认知能力发育水平

● 看镜子里的自我形象，认识自己的存在。

● 会探索周围环境，观察物体的不同形状和构造。

● 会将手指放进小孔中。

● 把玩具放进容器。

● 能从抽屉中或箱中取玩具。

达标训练

1.好奇心

好奇心是宝宝智力发展的动力。这个阶段的宝宝对新异或新奇的东西很感兴趣。当新异的事物出现时，他会做出重复的动作去认识它，如用手摸摸，用嘴啃啃。对已经存在的，时间比较长的东西产生习惯反应，不再去注意它。即使很漂亮的玩具，已经玩过多次，就不爱玩了。你给他，他就会扔掉。

相反，他对一根小塑料绳很感兴趣，反复玩弄，拉一拉，咬一咬，玩得很起劲。由于宝宝喜欢新异的东西，好奇心驱使着他，什么都想摸摸、动动。看别人吃饭，要抢勺，抓碗；看见别人写字，也要拿笔；凡是他够得到的东西就会去拿和扔掉。遇到这种情况，不要去阻止他。因为宝宝就是通过这些活动去认识更多的事物，逐渐了解到“动作”和“结果”的联系，从而发展宝宝的认知能力。

2.认识身体部位

参照8个月所介绍的方法，让宝宝继续指认身体各个部位。学习和掌握这一行为模式，往往需要3～4个月时间。因此，家长要有思想准备，不能操之过急。

3.认图识物

宝宝情绪愉快时，可给他出示一些色彩鲜艳，图像清晰的动物、水果、人物等图片，每次只给一张，不要一次给太多。经过多次复习，在宝宝确实认识后，再给宝宝添加新的图片。

语言能力

语言发育水平

● 能无意识地发出类似“妈妈”的音。

● 懂得一些词义，建立了一些言语和动作的联系，懂得“不”字的含义。

● 能对人或物发音，但发音不一定准确，如发“不”的同时摆手，发“这”、“那”的同时用手指向某东西。

达标训练

1.学习听和说

9～10个月为宝宝学话萌芽阶段，这时语言能力的增长最快，是最善于模仿的时期，也是加紧进行语言训练的好时机。

给宝宝提供最丰富的语言环境，也就是说要不断对宝宝说话，说话时要注意以下几点：

● 要面对面和宝宝说话。

● 要与宝宝说那些看得见的东西。

● 要说那些宝宝感兴趣的东西。

● 说某种东西时，要用手指给宝宝看。

● 要试图理解宝宝的话。

● 当宝宝说出1～2个词时，要抱抱或亲亲宝宝，表示赞扬，使他感到成功的乐趣。

● 要让宝宝经常保持愉快的心情。

2.认图、认物，命名要正确

为了使宝宝建立准确的词语概念，教宝宝认识各种玩具，如在玩具堆里挑出电话或小鸭子等。但是仅仅指认和说出自己生活中的物品是有限的。这时，可通过教宝宝认图来认识事物，从而增加认识事物的品种。作为认图教材上的图像，要形象真实、准确、色彩鲜艳、图画单一清晰。

每天让宝宝只指认几种动物和物品，每天1～2次，每次时间不宜太长。让宝宝留下印象，反复练习，逐渐积累。也可以用多个小动物模型玩具和实物与图像对着辨认。宝宝认识几种图片后，家长翻开几张图片，教宝宝从中指出或取出家长所指的图片，譬如说“老虎在哪里”让宝宝在几张动物图片中，找出老虎来。

在家长准确词语指导下选出图片，是教宝宝认识事物的一种好方法，并为准确说出这些事物的名称打下基础。

要注意的是，家长一定要教宝宝准确的名称，如认识手表时，要教他“这是手表”，不要对着手表说：“几点钟了”。不要让宝宝误认手表的名称是“几点了”。当然，你可以在教会他认识手表的名称后，再让他看看手表现在是“几点钟了？”，教会名称后，再教手表的用途。

教其他东西时也是如此，首先教他认识东西的名称，再教东西的用途或特征等，避免宝宝将东西的名称和用途混淆。

社会交往能力

社会交往能力发育水平

● 交往能力增强，会拍手表示“欢迎”，摆手表示“再见”。

● 能自己拿奶瓶喝水或喝奶，瓶子掉了会自己捡起来。

● 会模仿家长做一些动作。

达标训练

1.学习用小勺吃饭

吃饭时宝宝很喜欢用小勺玩，家长要教宝宝自己用小勺吃东西。开始时，可以手把手地教他用小勺取些饭菜送进口中，宝宝都喜欢这样做，不要怕弄脏衣服或桌子。鼓励宝宝自己用勺吃一些东西，同时家长用另一个勺子帮助他吃饭，随后，再让他自己吃一些。按这样的方式培养下去，一般至1岁后，宝宝便能自己吃饭了。如果完全依靠家长喂饭，有的宝宝到2岁时，还张嘴等着喂，不会自己动手。

2.大小便坐盆

宝宝这时能坐得很稳了，可以开始训练大小便坐盆。

将宝宝的便具放在一个易辨认的较固定的位置，定时带宝宝去坐盆。注意不要让宝宝坐盆的时间太长，如这次坐盆没有解出大小便，可过些时候再坐盆。慢慢使他建立起这种行为模式。有了便意时，能主动表示，然后帮助他坐盆。应避免坐盆时喂食，也不要将便盆放在黑暗处。冬天便盆不要太凉，避免给宝宝的不良刺激。

3.主动配合穿衣

家长每天要给宝宝穿衣、脱衣和洗澡等，在宝宝有了一定活动能力并懂得一些语言的基础上，培养他的配合能力。开始时，可以用游戏形式，如穿袖子时家长说："宝宝把小手从洞里伸出来"，穿裤子时说："让小脚丫从山洞中钻出来"等等。教他穿上衣时主动伸手，穿裤子、袜子和鞋时，做到主动伸出脚来。洗澡时也能配合，高高兴兴乐意洗澡。

4.练习招手"再见"和拍手"欢迎"

通过练习让宝宝理解语言，并能将动作和相关的词联系起来，培养宝宝懂礼貌的行为。

5.模仿家长动作

除让宝宝主动模仿家长动作之外，还可以设计出一套包括拍手、摇头、身体扭动、挥手、踏步、踢腿等在内的许多动作，并配上儿歌给宝宝示范，教宝宝学习，最后将这些动作串在一起，配上儿歌表演，培养宝宝观察和模仿的能力。

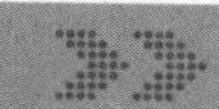

9个月宝宝综合测评

1.认识新的身体部位：(以10分为合格)

A.认识大拇指和膝盖(或者两处新部位)(10分)

B.认识一手指，如食指(或另一个新的身体部位)(5分)

C.不认识新部位(0分)

2.拉绳取物：(以5分为合格)

A.拉绳取环或取到玩具(10分)

B.直接去够取环或玩具(5分)

C.无目的乱抓(2分)

3.捏取葡萄干或爆米花：(以10分为合格)

A.食指拇指捏取(10分)

B.大把抓(5分)

C.用手掌拨弄(3分)

D.不理会不抓取(0分)

4.在1分钟之内把小球放入瓶中：(以9分为合格)

A.4个(12分)

B.3个(9分)

C.2个(6分)

D.1个(3分)

5.有意识地称呼亲人：(以10分为合格)

A.爸爸和妈妈(10分)

B.爸妈中的任一人(5分)

C.无人时乱叫(2分)

6.用姿势表示语言，如再见、谢谢、您好、握手、鼓掌、碰头、亲亲、虫飞、鸟飞、挤眼睛、咂嘴等：(以12分为合格)

A.7种(15分)

B.5种(12分)

C.3种(9分)

D.2种(6分)

E.1种(3分)

7.喜欢小朋友，同人打招呼：招手、点头、笑、摇身体、跺脚、尖叫等：(以9分为合格)

A.3种(9分)

B.2种(6分)

C.1种(3分)

D.不理(0分)

8.捧杯喝水：(以9分为合格)

A.不用家长扶持略有洒漏(9分)

B.要家长扶持(5分)

C.不会用杯(0分)

9.穿衣：(以6分为合格)

A.自己把胳臂伸入袖内双侧(6分)

B.自己会伸入一侧(4分)

C.家长拿胳臂放入袖内(2分)

10.爬行：(以10分为合格)

A.手足快爬(10分)

B.手膝慢爬(8分)

C.腹部靠床匍行(6分)

D.俯卧打转(3分)

11.扶站时：(以10分为合格)

A.能蹲下捡物(10分)

B.蹲下但捡不着(8分)

C.不敢蹲下(3分)

12.学走：(以10分为合格)

A.一手牵着走(12分)

B.双手牵着走(10分)

C.学步车内走(8分)

D.扶物横跨(6分)

结果分析

1.2题测认知能力，应得15分；

3.4题测精细动作，应得19分；

5.6题测语言能力，应得22分；

7题测社交能力，应得9分；

8.9题测自理能力，应得15分；

10.11.12题测大肌肉运动，应得30分。

共计可得110分。总分在90～110分之间为正常，120分以上为优秀，70分以下为暂时落后。

哪道题在及格以下，可先复习上月相应试题，通过后再练习本月的试题。哪道题常为A，可跨越练习下月同组的试题，使优点更加突出。

体格发育监测标准

男宝宝

身长 68.4～79.2厘米，平均73.8厘米

体重 7.4～11.5千克，平均9.4千克

头围 43.1～48.3厘米，平均45.7厘米

胸围 41.6～49.6厘米，平均45.6厘米

囟门 前囟2×2厘米

牙齿 长出2～6颗乳牙

女宝宝

身长 67.1～77.6厘米，平均72.3厘米

体重 6.9～10.7千克，平均8.8千克

头围 42.1～46.9厘米，平均44.5厘米

胸围 40.4～48.4厘米，平均44.4厘米

囟门 前囟2×2厘米

牙齿 长出2～6颗乳牙

体格发育促进方案

大脑是人体极为复杂的器官，是一切智慧和行为的物质基础。大脑的重量虽然只占体重重量的2%～2.5%，但其所消耗的能量却占全身总

消耗量的20%。大脑发育的好坏直接影响着人的智力，而大脑发育的关键在于能否摄取所需要的营养物质。因此，营养物质对宝宝的大脑发育起到了重要作用。

蛋白质的摄入

脑是智力发育的物质基础。在脑细胞中蛋白质的合成和氨基酸的代谢非常活跃，这些都是以适当的蛋白质和氨基酸供给为基础的。只要保证让宝宝每天摄入400～500毫升牛奶，差不多已获得了每天所需蛋白质的一半，再加上每餐中摄入一定量的鱼、肉、蛋或豆制品，摄入的蛋白质量均能满足生长发育的需要。

脂肪的摄入

脂肪是主要的供能营养素，其中的必需脂肪酸对宝宝的生长发育十分重要。婴幼儿期的脂肪需要量为每日4～6克/每千克体重，他们每天的能量应有30%～35%来自脂肪，而必需脂肪酸供能约占总能量的1%～3%，不能低于0.5%。但是脂肪的饱腹作用大，但由于宝宝的胃肠道尚未发育成熟，消化能力对母乳以外的食品不易耐受，易发生腹泻，导致营养素丢失。所以，在喂养婴幼儿时，以植物性脂肪为宜，如豆油、花生油、香油等。

钙的摄入

智力与大脑发育、遗传因素和营养状况密切相关，而钙在脑的发育中起着重要的作用。钙是构成身体骨骼的主要成分，也对人体的循环、呼吸、神经、肌肉、骨骼等各系统的正常生理功能起着重要的调节作用。缺钙不仅容易引起宝宝多汗、夜惊、腿酸疼、食欲差、生长发育迟缓，更严重的是导致宝宝大脑发育障碍，出现反应迟钝、多动、学习困难等。由此可见，钙是促进宝宝大脑发育的重要营养素之一。

维生素C的摄入

维生素C是人体必需的营养素之一，与婴幼儿的健康成长有着非常密切的关系。维生素C广泛存在于水果、蔬菜中，水果中又以柑橘类含量较多，蔬菜中青色者含维生素C较多。所以，父母要注意宝宝饮食的均衡。

◆本月营养计划表◆

主要食物	母乳、配方奶、牛奶	
辅助食物	白开水、鱼肝油(维生素A、维生素D比例为3：1)、水果汁、菜汁、菜汤、肉汤、米粉(糊)、菜泥、水果、肉末（松）、碎菜末、稠粥、烂面条、肝泥、动物血、豆腐、蒸全蛋、磨牙食品、小点心(自制蛋糕等)	
餐次	母乳或配方奶2次，辅食3次	
哺喂时间	上午	6：00喂母乳10～20分钟或牛奶或配方奶200毫升；8：00喂粥一小碗(加肉松、菜泥、菜末等2～3小勺)，饼干2块或馒头一小块；10：00喂温开水或菜汁100～120毫升，水果1～3片，磨牙食品或小点心若干；12：00喂鸡蛋1个，碎肉末或碎菜末或豆腐或动物血30～60克
	下午	14：00喂米粉一小碗，菜泥或果泥30克；16：00喂水果1～3片。磨牙食品或小点心若干；18：00喂烂面条或稠粥一小碗，豆腐或动物血或肝末或肉末或碎菜末30～50克，肉汤50～100毫升
	夜间	20：00喂温开水或水果汁或菜汁100～120毫升，磨牙食品或小点心若干，水果1～3片；22：00喂母乳10～20分钟或牛奶或配方奶180～200毫升

第10个月 发育监测与达标

智能发育

粗大运动

粗大运动发育水平

● 能双手扶着栏杆在围栏里横着走。

● 一只手扶着栏杆，可以弯下身用另一只手去取物，然后站起来。

● 当宝宝能独站或扶站时，他能有意识地从站到坐，并控制自身坐下时不至于摔倒。

达标训练

1.扶站和迈步

让宝宝扶着沙发或横排椅子站起，然后用小车或滚球，诱导他迈步去够取玩具。

2.蹲下捡物

让宝宝扶栏蹲下捡物，再次站立起来。进而要求宝宝单手扶栏站立，再蹲下捡物，再站立。有时玩具移动而需要迈步才能捡起。家长可先放一些不动的玩具，让宝宝蹲下捡到，获得成功和快乐，再放一些滚动玩具，使他扶着迈步去取。

3.独站

用双手扶在宝宝腋下，帮助宝宝站稳后，家长双手慢慢收回训练宝宝独站，也可让宝宝靠着栏杆或靠墙站立片刻，然后练习在无栏杆的条件下独站。

4.站起—坐下—翻滚

把宝宝放在活动栏内，训练他坐位扶栏杆主动站起，再扶栏杆蹲下去捡拾玩具并坐下，最后从坐位躺下成俯卧位，接着训练翻身打滚。

5.做主动体操

训练主动体操，锻炼全身肌肉，提高关节灵活性。

精细运动

精细运动发育水平

● 拇指食指能协调较好，捏小东西的动作比较熟练。

● 能用手和前臂放在桌面上作辅助性支持，然后用拇指和食指(或中指)把小东西捏起。

达标训练

1.翻书页看画册

在宝宝情绪好的时候，给他简单的画报看，如动物、人物、家具等画面。妈妈把宝宝抱在膝盖上，指着画面说："这是狗，那是猫"，以引起宝宝的看画兴趣。当宝宝能自己翻书时，可让他自己去翻，如果有几张连在一起，也不要紧。可以让他一口气翻完一本画册。当他翻书页停下来时，可指给他看书上的画。这时他也会学妈妈的样子指着小动物，有时还会模仿动物的叫声。

2.打开瓶盖

将一个带盖的塑料瓶放在宝宝面前，家长先示范打开瓶盖再合上盖子，然后让宝宝练习只用拇指和食指将瓶盖打开再合上的动作。

3.放入和取出

准备一个空盒子作为"百宝箱"，当着宝宝的面将他喜欢的玩具一件一件放进"百宝箱"里，然后一件一件拿出来，让宝宝模仿。也可以让宝宝从一大堆玩具中练习挑出某个玩具(如让他将小彩球拿出来)，促进宝宝手、眼、脑的协调发展，提高宝宝的认知能力。

认知能力

认知能力发育水平

● 能主动从容器里取物。

● 能伸出任何一只手的食指去拨弄小玩具。

● 能从抽屉中或箱中取玩具。

达标训练

1.学玩乐器，理解事物间的联系

教宝宝打击乐器玩，如小木鱼或小鼓，开始敲不准确，逐渐能敲出声音。也可以学吹小喇叭。宝宝通过自己的手或嘴，知道用力大，声音就大；用力小，声音就小。并能用手拨弄和探索玩具的构造。

2.用手指表示1岁

家长问宝宝："你几岁了？"然后教他竖起食指表示1岁，通过这种方式让他建立最原始的数的概念。当宝宝明白怎样表示自己1岁后，可变更对象，继续强化他关于1岁的概念，如让宝宝理解一个苹果、一块饼干、一个玩具的概念。

3.继续练习认识自己身体的部位

参照8个月时所介绍的方法继续教宝宝认识自己的身体部位。

4.继续识图认物

参照9个月时所介绍的方法继续教宝宝识图认物。

语言能力

语言发育水平

● 能有所指地叫"妈妈"。

● 听到"爸爸在哪里？""妈妈在哪里？"能正确地转头找。

● 已经懂得"不"的真正含义。

● 能说出任何两个有意义的单字。

● 当家长说"欢迎"时他会拍手，说"再见"时，他会挥手。

达标训练

1.模仿动物叫，练习发音

选定几张动物图片，教宝宝认识图片上的动物名称。然后告诉他不同动物的叫声，如小猫"喵喵"叫。小狗"汪汪"叫，小鸭"嘎嘎"叫等。每当宝宝拣出图片时，让他学动物的叫声。平时不看图片时，也可问宝宝公鸡怎么叫，青蛙怎么叫等。

2.听儿歌

儿歌简单易学，同时也包含了许多信息，可以让宝宝在听儿歌的过程中获得丰富的词语信息。妈妈可以多选用那些带有各种动作的儿歌，这种动作性儿歌传递给宝宝的不仅是语言的韵律与节奏的信息，还让宝宝理解了像"飞"，"拍"等动作的意思，了解各种动物不同的运动、生活方式。并让宝宝在学儿歌的过程中学习动作与声音的对应关系，并逐渐领会数字、文字等的含义，让宝宝对语言产生更加浓厚的兴趣。

社会交往能力

社会交往能力发育水平

- 懂得常见人和物的名称。
- 会模仿三个幼儿游戏，如拍娃娃睡觉、欢迎拍手、再见时挥手等。
- 伸手把玩具给人，但不松手。宝宝手里拿着玩具，家长伸手向他要时，他会把玩具伸给家长，但不放手。

达标训练

1.会察言观色

心理学家的追踪研究表明，宝宝到10个月左右会看母亲的脸色。懂得笑容等于“认可”，怒容等于“责备”。所以，从9～10个月开始，父母可以利用这种非语言的方式教育宝宝。譬如，在宝宝遇到困难时，父母亲切的微笑，会给他带来很大的鼓励。当宝宝做不应做的事情时，父母生气的表情，加上阻止的语气，能使宝宝停止活动。

至于对宝宝的态度，应以鼓励为主。但对于宝宝不好的行为，如打别人的脸。或摆弄有危险的物品，应严加制止。家长应采取一致的态度。使宝宝从小懂得哪些可以做，哪些不可以做，培养良好的习惯。

2.玩娃娃，学习关心他人

给宝宝一个玩具娃娃和一块小毛巾，告诉他：“娃娃困了，要睡觉”。让他把小毛巾当被子，盖在娃娃的身上，再拍拍。过一会儿，给宝宝小饭碗和小勺，告诉他：“娃娃该起床吃饭了。”让他给娃娃抱起来坐着，用小勺喂娃娃吃饭。

3.学指挥，训练节奏感

选择一首节奏鲜明的乐曲，让宝宝坐在你的腿上，背靠着你，从他背后握住他的前臂说：“指挥。”然后合着音乐的节奏打拍子，随着音乐的强弱，变化手臂动作的幅度大小。当乐曲停止时，动作同时停止。反复多次后，当他听到音乐时，你说指挥，他就会有节奏地挥动手臂。

疫苗接种备忘录

接种流行性腮腺炎疫苗。

10个月宝宝综合测评

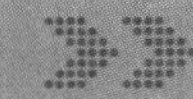

1.按吩咐拣出图片、书页或字卡：(以10分为合格)

A.4张(12分)

B.3张(10分)

C.2张(7分)

D.1张(4分)

2.放上杯盖：(以5分为合格)

A.放正(5分)

B.放歪(3分)

C.乱放(0分)

3.用手解开纸包取食物：(以10分为合格)

A.手指打开(10分)

B.撕开(5分)

C.要家长打开(0分)

4.从大瓶中取糖果：(以10分为合格)

A.食指抠出(10分)

B.倒出(8分)

C.打翻瓶子取(7分)

D.让家长拿取(0分)

5.从形板中：(以9分为合格)

A.抠出3个形块(9分)

B.抠出2个形块(6分)

C.抠出1个形块(3分)

6.回答“你几岁啦？”：(以10分为合格)

A.竖起食指表示“我1岁”(10分)

B.乱竖指头表示(8分)

C.不表示(0分)

7.称呼家长：(以10分为合格)

A.4人(18分)

B.3人(15分)

C.2人(10分)

D.1人(5分)

E.不会(0分)

8.依恋家长：(以12分为合格)

A.妈妈或照料人抱别的宝宝时拉扯着其要抱自己(12分)

B.靠在妈妈或照料人身边不离开(10分)

C.靠到父亲或其他亲人身边(8分)

D.妈妈离开时不在乎(4分)

9.穿裤子：(以9分为合格)

A.自己伸腿入裤管内(9分)

B.家长握腿放入裤内(3分)

C.不肯穿裤子(0分)

10.脱鞋袜：(以10分为合格)

A.自己用脚蹬去鞋袜(10分)

B.蹬去鞋子(5分)

C.让家长帮助脱掉(0分)

11.学走：(以10分为合格)

A.在家长之间放手走1～2步(15分)

B.自己扶家具来回走(10分)

C.家长一手牵着走(8分)

D.在学步车内走(2分)

12.上高：(以5分为合格)

A.自己用手足爬上被垛或台阶(5分)

B.家长牵着上一级台阶(3分)

C.不敢上高(0分)

结果分析

1题测认知能力，应得10分；

2.3.4.5题测精细动作，应得34分；

6.7题测语言能力，应得20分；

8题测社交能力，应得12分；

9.10题测自理能力，应得19分；

11.12题测大肌肉运动，应得15分。

共计可得110分。总分在90～110分之间为正常，120分以上为优秀，70分以下为暂时落后。

哪道题在及格以下，可先复习上月相应试题，通过后再练习本月的试题。哪道题常为A，可跨越练习下月同组的试题，使优点更加突出。

第11个月 发育监测与达标
体格发育

体格发育监测标准

男宝宝

身长 70.9～82.1厘米，平均75.2厘米

体重 7.8～12.0千克，平均9.65千克

头围 43.7～48.9厘米，平均46.3厘米

胸围 42.2～50.2厘米，平均46.2厘米

囟门 前囟2×2厘米

牙齿 长出2～6颗乳牙

女宝宝

身长 69.7～80.5厘米，平均73.7厘米

体重 7.2～11.3千克，平均9.02千克

头围 42.6～47.8厘米，平均45.2厘米

胸围 41.1～49.1厘米，平均45.1厘米

囟门 前囟2×2厘米

牙齿 长出2～6颗乳牙

体格发育促进方案

养成按时进餐的好习惯

每天的进餐次数、时间要有规律，按时进餐。每到该吃饭的时间，就要喂他吃，但不必强迫，吃得好时应赞扬，长时间坚持，就能养成定时进餐的好习惯。

培养宝宝对食物的兴趣

要注意培养宝宝对食物的兴趣和好感，引起他旺盛的食欲，这有助于消化腺分泌消化液，使食物得到良好的消化。因此要求父母在烹调食物时做到色、香、味俱全，软、烂适宜，以便于宝宝咀嚼和吞咽。

培养宝宝的卫生习惯

饭前要给宝宝洗手、洗脸，围上围嘴，桌面应干净。每天在固定的地点喂饭，给宝宝一个良好的进餐环境。在吃饭时，家长不要和他逗笑，不要让他哭闹，不要分散他的注意力，更不能边吃边玩。

训练宝宝自己使用餐具

为以后独立进餐做准备。例如，训练宝宝自己握奶瓶喝水、喝奶，自己用手拿饼干吃，训练正确的握匙姿势和用匙盛饭。

避免宝宝挑食和偏食

饭、菜、鱼、肉、水果都要吃，鼓励他多咀嚼，每餐干、稀搭配。饭前不吃零食，不喝水，不吃巧克力等糖果，以免影响食欲和消化能力。

◆本月营养计划表◆

主要食物		粥、面条（面片）、软饭
辅助食物		母乳或配方奶、白开水、鱼肝油(维生素A、维生素D比例为3：1)、水果汁、菜汁、菜汤、肉汤、米粉(糊)、菜泥、水果、肉末(松)、碎菜末、稠肝泥、动物血、豆制品、蒸全蛋、磨牙食品、小点心(自制蛋糕等)
餐次		母乳或配方奶2次，辅食3次
哺喂时间	上午	6：00喂母乳10～20分钟或牛奶或配方奶200毫升；8：00喂磨牙食品或小点心若干，菜汤或肉汤100～120毫升，水果1～3片；10：00喂粥一小碗(加肉松、菜泥、菜末等2～3小勺)，鸡蛋半个，饼干2块或馒头一小块；12：00喂碎肉末或碎菜末或豆制品或动物血或动物肝30～60克
	下午	14：00喂软饭一小碗，碎肉末或碎菜末或豆制品或动物血或肝30～60克，鸡蛋半个；16：00喂磨牙食品或小点心若干，水果1～3片，温开水或水果汁或菜汁100～120毫升；18：00喂面条或面片一小碗，豆制品或动物血或动物肝末或肉末或碎菜末30～50克，肉汤50～100毫升
	夜间	20：00喂磨牙食品或小点心若干，温开水或水果汁或菜汁100～120毫升；22：00喂母乳10～20分钟或牛奶或配方奶200毫升

第11个月 发育监测与达标

智能发育

粗大运动

粗大运动发育水平

● 能左右自如地转动身子，并用脚帮助移动身体去够玩具。

● 家长拉着双手可走上几步。

● 用一只手扶住栏杆或别的物体，可以自己协调地迈步走动。

● 能独自站立几秒钟。

达标训练

1.学站和走

独立行走是宝宝发育的一个重要里程碑。他能站立和行走后，对周围环境的探索能力和活动范围大大增加。能独立行走的时间，在宝宝之间的差别可以很大，从11个月到1岁半，都为正常范围。

为了促进宝宝独行能力的成熟，可给他一个安全的活动空间。开始时，安排一些可扶或可靠的家具，让他练习扶行。家长在不同位置呼唤他，或用有趣的玩具逗引他，鼓励他扶着向前行走。也可让宝宝推着椅子练习走，或在宝宝身上系一条带子保护练习走，或拿一根小棍子，让宝宝牵着小棍子的一头，家长牵着另一头慢慢走。独站的练习可先让宝宝靠墙独站或在扶站时逐渐离开支撑物，独站片刻。

独立行走的练习最好在宝宝能够独自站立、蹲下、站起来，并能保持身体平衡时开始。独行地练习，可在草地上、铺垫的地板上或硬床上进行。两头都要有人保护，不要因为开始时不安全，给宝宝造成恶性刺激，而要在安全愉快的气氛中鼓励宝宝积极地练习独行。

2.踢踢球

试着在距宝宝的脚3.5厘米处放一个球，让他踢着玩。这个游戏既可以训练脑的平衡功能，还可以促进眼、足、脑的协调发展，同时还可以帮助宝宝理解球形物体能滚动的事实。

精细运动

精细运动发育水平

● 手能翻书或摆弄玩具及实物，并能用手握笔涂涂点点。

● 会用手势表示需要，用手将盖子盖上或打开。

● 仔细观察他所见到的人、动物和车辆。

达标训练

1.“画画”，学习握笔试画

用一张白纸铺在桌上，家长用彩笔在纸上画一道或一个圈，然后将笔递给宝宝，家长握住宝宝的手一起画，然后放手让宝宝自己画。当宝宝在纸上点点时，家长说：“这是星星。”当宝宝画出道道时，说：“这是面条”。鼓励宝宝再画。

2.捡豆豆

在宝宝面前放三个小碗，将蚕豆、黄豆和绿豆混合在一起放在旁边，家长示范将三种豆子分别捡出来，放在不同的盘子里，然后鼓励宝宝用拇指食指对捏的方法，将蚕豆、黄豆和绿豆分别放在不同的容器里。

3.寻宝物

当着宝宝的面用一张纸把小玩具包起来，鼓励宝宝想办法把“不见了”的玩具找出来，让宝宝学会手持纸包，将纸一层一层打开，找到被纸包住的玩具。

认知能力

认知能力发育水平

● 听懂较多的话。

● 会指认室内很多的东西。

● 会听家长的话拿东西，如拿娃娃。

● 会指认身体的五官。

● 口内说些莫名其妙的话，有些宝宝会有意识地叫爸爸妈妈等。

达标训练

1.认识五官

可先让宝宝指玩具娃娃或别人的眼睛，然后在镜子前，看镜子中自己的眼睛，用手指指自己的眼睛。不断重复，学会一样后，再指认鼻子、嘴巴、耳朵等。如问宝宝“嘴在哪里？”他会张口；问“耳朵在哪里？”他会用手扯耳朵；问“舌头在哪里？”他会伸出自己的舌头。通过上述方式，让宝宝逐渐认识自己的五官。

2.学会观察

经常带宝宝到动物园或者户外观察动植物的特点，如小白兔的耳朵长，大象的鼻子长，小松鼠的尾巴毛茸茸等。需要注意的是，家长一定要以宝宝为主体，从他感兴趣的事物入手，选择他情绪比较好的时机鼓励宝宝学会观察，而且每次时间不宜太长，1～2分钟就足够了。

3.学会比较

给宝宝两个水果（也可以用其他物品代替），一大一小，让宝宝学习分辨大小。也可以尝试让宝宝分辨上下、里外等概念。

语言能力

语言发育水平

● 能有意识地发一个字音表示相应的动作。

● 会有意识地叫“妈妈”。

疫苗接种备忘录

11～12月份是流行性脑脊髓膜炎的流行季节，此时可接种流行性脑脊髓膜炎疫苗。

● 能说由2～3个字组成的话，但发音可能含糊不清。

● 能说出任何有实际意义的三个单字，如人、物体的名称或表示动作的词语等，但发音不一定清楚。

达标训练

1.给宝宝听音乐、念儿歌、讲故事

每天花一些时间给宝宝放一些儿童乐曲，提供一个优美、温和、宁静的音乐环境，提高他对音乐的理解

力。儿歌朗朗上口，是宝宝非常感兴趣的东西。多给宝宝念一些儿歌，可以激发他对语言的兴趣，提高他对语言的理解能力。在此基础上，还可试着讲一些有趣的生活故事（最好结合周围环境，自编一些短小动听的小故事讲给宝宝听）。

2.说再见

每天爸爸妈妈上班去，或者家里来了客人要走的时候，都是训练宝宝说再见的好时机。家长也可以互相配合，一人假装出去，另一人带着宝宝跟他玩说再见的游戏。

3.向宝宝解释一切

无论做什么，父母都可以随时向宝宝做些解说，帮助他认识各种日常用品，认识各种动作，让宝宝将实物、动作和语言联系起来。

社会交往能力

社会交往能力发育水平

- 能配合穿衣和脱衣。
- 能熟练用摆手表示“再见”，拍手表示“欢迎”。
- 能模仿家长做拍娃娃的动作。

达标训练

1.与人分享

1岁左右的宝宝已经有一定的语言理解能力，开始产生一定的自我控制能力。有条件培养他与人分享的行为模式。如吃苹果了，教他将苹果分给爷爷、奶奶、爸爸和妈妈，宝宝会乐意去做，边做边说：“大的给爷爷，小的留给自己”。家庭中，每次吃东西时，尤其吃一些平时不易得到的食品，或宝宝爱吃的东西，都要教育宝宝和大家分享。如果宝宝做到了，要给予表扬。从小培养宝宝养成与人分享的好习惯。

2.指认动物

在家里挂一些动物图片，或摆放一些小动物玩具，告诉宝宝每种动物的名称和叫声，然后问“小狗在哪里？”让宝宝用眼睛寻找，用手指，并模仿“汪汪”的叫声。小鸡、小鸭、小猫、小羊等依此类推。

3.平行游戏

多邀请家里有宝宝的朋友来做客，找出一些相同的玩具，让宝宝同小朋友一块玩，给宝宝提供互相模仿、互不侵犯的平行游戏机会。

11个月宝宝综合测评

1.认识身体部位:(以10分为合格)

A.6处(12分)

B.5处(10分)

C.4处(8分)

D.3处(6分)

E.2处(4分)

2.指图，如动物、水果、用品、车辆等图：（以12分为合格）

A.8幅(14分)

B.6幅(12分)

C.4幅(8分)

D.2幅(4分)

E.1幅(2分)

3.配大小瓶盖:（以10分为合格）

A.正确配上大小瓶盖(10分)

B.正确配上1个(5分)

C.配1个放歪(3分)

D.未配上(0分)

4.蜡笔画：（以10分为合格）

A.乱涂，纸上有痕(10分)

B.扎上小点(5分)

C.空中乱画(3分)

D.不会握笔((1分)

5.一分钟内把小丸投入瓶中：（以10分为合格）

A.6个(12分)

B.5个(10分)

C.4个(8分)

D.3个(6分)

E.2个(4分)

6.模仿拿着细线使蜡丸摇晃：（以9分为合格）

A.摇成圆圈(9分)

B.前后晃荡(5分)

C.摇不动(0分)

7.模仿动物叫：猫、狗、羊、鸭、鸡、牛、虎：（以10分为合格）

A.6个(12分)

B.5个(10分)

C.4个(8分)

D.3个(6分)

E.2个(4分)

8.用动作表演一首儿歌：（以10分为合格）

A.动作4种(10分)

B.动作3种(8分)

C.动作2种(6分)

D.动作1种(4分)

9.会用勺：（以5分为合格）

A.盛饭送入嘴里1～2勺(5分)

B.盛上饭，但未送到嘴里(4分)

C.凸面向上盛不到东西(2分)

D.乱搅不盛物(0分)

10.戴帽：（以6分为合格）

A.放头顶上拉正(8分)

B.放稳(6分)

C.放不稳掉下(4分)

D.不会(0分)

11.学站：（以9分为合格）

A.不扶物站稳3秒(9分)

B.扶物站稳(5分)

C.牵着站(3分)

结果分析

1.2题测认知能力，应得22分；

3.4.5.6题测精细动作，应得39分；

7题测语言能力，应得10分；

8题测社交能力，应得10分；

9.10题测自理能力，应得11分；

11题测大肌肉运动，应得9分。

共计可得101分。总分在80～101分之间为正常，101分以上为优秀，70分以下为暂时落后。

哪道题在及格以下，可先复习上月相应试题，通过后再练习本月的试题。哪道题常为A，可跨越练习下月同组的试题，使优点更加突出。

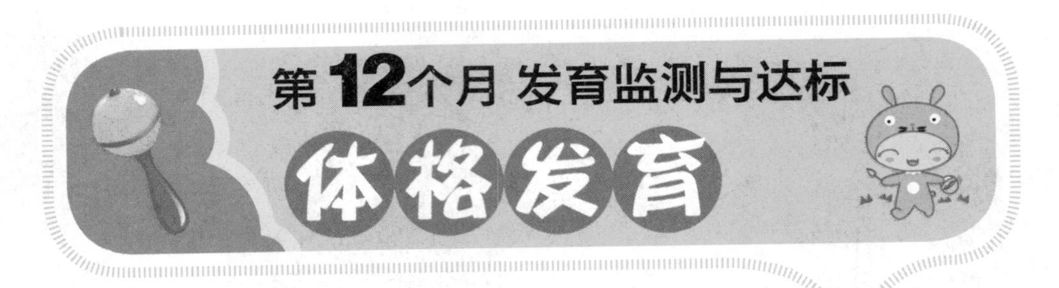

体格发育监测标准

- 身长 70.9～82.1厘米，平均76.5厘米
- 体重 7.8～12.0千克，平均9.9千克
- 头围 43.7～48.9厘米，平均46.3厘米
- 胸围 42.2～50.2厘米，平均46.2厘米
- 囟门 0.5～1.0厘米
- 牙齿 长出2～6颗乳牙

女宝宝

- 身长 69.7～80.5厘米，平均75.1厘米
- 体重 7.2～11.3千克，平均9.2千克
- 头围 42.6～47.8厘米，平均45.2厘米
- 胸围 41.1～49.1厘米，平均45.1厘米
- 囟门 0.5～1.0厘米
- 牙齿 长出2～6颗乳牙

体格发育促进方案

现在宝宝的消化和咀嚼能力大大提高了，如果宝宝的饮食已形成一定规律，数量和品种增多，营养应该能够满足智力与身体生长发育的需要，就可以考虑给宝宝断奶了。断奶不是指不再吃奶，而是指不再以奶类为主

食。有些父母只给宝宝吃一些煮烂的食物，不让宝宝去咀嚼一些硬的和脆的食物，就会使宝宝的牙龈失去宝贵的练习机会。特别在12个月前后是宝宝饮食习惯最易养成的时期，爱吃软的、硬的、甜的、咸的、烂的都在此期间定形，终生难改。

因此给宝宝的饮食应多样化，同时训练宝宝的咀嚼能力。咀嚼能使牙龈结实，有利于磨牙齿的萌出。学会咀嚼还可促进唾液分泌，练习同步吞咽。由于咀嚼使整个面部肌肉及神经得到锻炼，所以，咀嚼还有助于宝宝的视神经发育、语言发育及其他智能发育。宝宝学会咀嚼后可以吃一些剁碎的蔬菜、肉馅，吃带馅的食物。而且让宝宝吃一些粗纤维的食物还有利于大便的排出，防止便秘。

◆本月营养计划表◆

主要食物		粥、面条、面片、包子、饺子、馄饨、软饭
辅助食物		母乳或配方奶、白开水、鱼肝油(维生素A、维生素D比例为3：1)、水果汁、菜汁、菜汤、肉汤、米粉(糊)、菜泥、水果、肉末(松)、碎菜末、稠肝泥、动物血、豆制品、蒸全蛋、磨牙食品、小点心(自制蛋糕等)
餐次		母乳或配方奶2次，辅食3次
哺喂时间	上午	6：00喂母乳10～20分钟或牛奶或配方奶200毫升，菜泥30克；8：00喂磨牙食品或小点心若干，菜汤或肉汤100～120毫升，水果1～3片；10：00喂软饭一小碗(加肉松、菜泥、菜末等)，鸡蛋半个，饼干2块或馒头一小块；12：00喂碎肉末或碎菜末或豆腐或动物血或肝30～60克，温开水或水果汁或菜汁100～120毫升
	下午	14：00喂软饭一小碗，碎肉末或碎菜末或豆腐或动物血或肝30～60克，鸡蛋半个；16：00喂磨牙食品或小点心若干，水果1～3片，温开水或水果汁或菜汁100～120毫升；18：00喂面条一小碗或小饺子3～5个或小馄饨5～7个，豆腐或动物血或肝末或肉末或碎菜末30～50克，肉汤50～100毫升
	夜间	20：00喂馒头或蛋糕或面包一小块，磨牙食品若干，适量温开水；22：00喂母乳10～20分钟或牛奶或配方奶200毫升

粗大运动

粗大运动发育水平

- 能扶着栏杆站立起来。
- 扶着栏杆迈步。
- 可以独站片刻。
- 家长抓住他一只手能走路。

达标训练

1.独立走

让宝宝站稳，然后在前方逗引他，鼓励他独自走向家长。也可以把宝宝喜欢的玩具放在某个地方，鼓励宝宝自己走过去拿。

2.捡东西

家长故意把东西放在地上，然后鼓励宝宝把地上的东西捡起来交给家长。当宝宝捡起地上的东西送过来时，家长应一边说“谢谢”，一边教宝宝点头表示谢意。

3.拿玩具

在地上放一根颜色鲜艳的彩条，牵成直线和弯线，然后在宝宝的前方摆着他喜欢的玩具，家长牵着宝宝的一只手，让他慢慢沿着彩条直、弯线行走，最后拿到他喜欢的玩具。

精细运动

精细运动发育水平

- 能用全手掌握笔在白纸上画出道道。
- 手和前臂能抬离桌面，用拇指和食指(或中指)的指端捏小东西。

达标训练

1.翻书

给宝宝一本大开本图画书，边讲边帮助他自己翻着看，然后让他自己练习独立翻书，训练他按顺序每次翻一页看。如果宝宝不能按顺序翻看，可以通过宝宝认识简单图形提高他的空间知觉能力逐渐加以纠正。

2.搭积木

给宝宝一堆积木，然后家长手把手地教他将积木一块一块向上搭，练习多次后，让他自己学着搭，他能向上搭两块积木。

3.训练手的动作

在桌面放上小丸、积木、小瓶、盖子、小勺、小碗、水瓶等东西，陪宝宝玩耍，让他看到积木就知道用来搭高，见到盖子扣在瓶子上，知道用水瓶喝水，用拇食指捏起小丸，将小勺放在小碗里准备吃饭等。经过多方面地训练，锻炼宝宝的灵活性，提高手的精细动作技能。

认知能力

认知能力发育水平

- 能模仿家长做家务。
- 可以随音乐或歌谣做动作。
- 能用行动表现出初步回忆能力，能找到藏起来的玩具。

达标训练

1.六面画盒，培养观察和语言理解能力

用长45厘米的纸箱，在六个面上贴上不同的图画。让宝宝扶着纸箱站立，家长问他：“小猫在哪里？”宝宝会扶着纸箱来回转动，直到找到小猫为止。如果找不到，家长便告诉他爬过去寻找。

2.认“红色”，学习辨认颜色

在不同颜色的玩具中，取出一件红色的玩具，如红色小球，反复告诉他这是红色小球。

然后把小球混在不同颜色的玩具中，让宝宝从中拣出红色小球。宝宝会了以后，就认红色的小盖或红色的小布块。认识以后，将红色的东西全部混到玩具中，让宝宝将红色的东西都拣出来。在任何时候，只要见到红色的东西，如红色汽车、红色气球时，都可让宝宝认。学了红色以后，再让宝宝认绿色和蓝色。

3.找到不在眼前的物品

家长拿出一个小玩具，如一个塑料小白兔，准备两个完全相同的盒子。先当着宝宝的面将小白兔放进一个盒子中，然后将两个盒子在宝宝的面前调换位置。问宝宝："小白兔藏在哪里？把它找出来！"看看宝宝能否直接找到小白兔，如果找到了，要搂抱宝宝，亲亲宝宝，说："真棒。"还可以当着宝宝的面，把玩具藏在枕头下，让他去找，他能找出来。1岁左右的宝宝甚至能找出不在眼前的已知物体，如不给宝宝看到的情况下，将小白兔放在枕头下，他也能找出来。有时能帮助家长找到想要找的东西。

语言能力

语言发育水平

- 能指认很多东西。
- 能说4个字明确地用来表示人、动作、物体。
- 见到爸爸和妈妈能主动称呼。

达标训练

1.听故事，发展语言理解能力

家长每天要给宝宝讲故事。讲的图书应以画为主，每页上只有2～3句简单的话。开始可以反复讲同一本书，让宝宝听熟。有时，可以一面讲，一面问："谁来了？带来什么？他们要去哪里？"等，宝宝会指图回答，说明他听懂了。如果不能回答，家长就再讲给他听。逐渐引导宝宝理解故事的内容，激发宝宝的兴趣。

2.鼓励宝宝开口说话

当宝宝能有意识地叫"爸爸"、"妈妈"以后，家长要利用各种机会引导他发音，学会用诸如"走"、"坐"、"拿"等词语来表达自己的动作或意思。当宝宝有什么要求时，家长要尽量鼓励他用语言表达，如果宝宝不会表达，可以帮助宝宝说出他的要求，教他用语言表达。如果宝宝一有要求就立刻满足他，就会阻碍他学习说话，造成宝宝的语言发展滞后。

3.听音乐起舞

家长弹奏或播放一些带有舞蹈节拍的乐曲，训练宝宝听到乐曲后，手舞足蹈，做些相应动作，如拍手、招手、点头、摇手等简单动作。

社会交往能力

社会交往能力发育水平

- 自我意识萌芽，有时不同意妈妈意见，说“不”。
- 有了简单的交往方式。

达标训练

1.最初的交友

研究证明，将近1岁的宝宝出现了简单交往，他们常常用微笑和大笑、发声和说话、给或拿玩具、身体接触(如抚摸、轻拍同伴身体，推和拉等)或走到同伴身旁，玩与同伴相同或类似的玩具等方式交往，做这些的目的在于引起同伴的注意，与同伴取得联系，并对同伴的行为做出反应，这就是最初交友的开始。这一阶段家长应创造条件让他有机会接触其他同龄或稍大的宝宝，学习交友。宝宝时期的交友经验必将对宝宝入托甚至入学后良好伙伴关系的建立有重要影响。

2.禁止做不该做的事

这一年龄段的宝宝，有时会向家长提出一些不合理的要求或想做一些不应该做的事，如进厨房和玩尖刀等。当要求得不到满足时，就会大哭大闹。遇到这种情况，家长首先要耐心劝阻，说明危险。如果宝宝仍然不听，家长要设法转移他的注意力，如拿宝宝平时喜欢的玩具逗引他，或带他去看画报等，多数宝宝用这种“转移法”都会有效。也有少数宝宝仍然坚持无理要求，继续哭闹，则应采取“冷处理”的方式：谁也不理他，让他去哭一阵。等他发泄完毕后，再和他讲理。

3.用动作表示配合或表达愿望

在日常生活中，要积极训练宝宝学习配合家长的要求，养成良好的生活习惯。如进餐前，知道伸出双手让家长给他洗手。吃完饭后，能配合家长给他擦脸、洗手和收拾用具等。除此之外，还要训练宝宝掌握一些向家长表达愿望的动作，如将玩具或食品放在他的面前，如想要，训练他点头表示同意；如不想要，教会他用摇头表示不同意。

1周岁宝宝综合测评

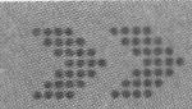

1.从杂色积木和珠子之中挑出红色的积木和红色的珠子：（以10分为合格）

A.挑出2种(10分)

B.挑出1种(5分)

C.都挑不出(0分)

2.将环套入棍子上：（以10分为合格）

A.套入5个(10分)

B.套入4个(8分)

C.套入3个(6分)

3.正着看书，从头起翻开，翻页，合上：（以9分为合格）

A.做对4种(12分)

B.做对3种(9分)

C.做对2种(6分)

D.做对1种(3分)

4.用积木搭高楼：（以10分为合格）

A.搭4块(10分)

B.搭2块(8分)

C.搭1块(4分)

5.用棍子够取远处玩具：(以9分为合格)

A.能够取着(9分)

B.推得更远(6分)

6.别人叫自己名字时的反应：(以8分为合格)

A.会走过来(8分)

B.转头看不走动(4分)

7.称呼家人：(以12分为合格)

A.5人(15分)

B.4人(12分)

C.3人(9分)

D.2人(6分)

8.哄娃娃勿哭，喂娃娃吃饭(奶)，盖好睡觉：(以10分为合格)

A.会做3样(10分)

B.会做2样(7分)

C.会做1样(3分)

9.用手能力：(以4分为合格)

A.会用食指，拇指捏取食物(4分)

B.大把抓(2分)

10.自己走稳：(以10分为合格)

A.10步(12分)

B.5步(10分)

C.3步(4分)

11.扶栏上小滑梯，双足踏1台阶，扶住坐下，扶栏滑下：(以10分为合格)

A.会做3项(10分)

B.会做2项(7分)

C.会做1项(3分)

12.蹬上板凳，爬上椅子，再上桌子，取到玩具：(以8分为合格)

A.会做4项(8分)

B.会做3项(6分)

C.会做2项(4分)

D.会做1项(2分)

结果分析

1.2题测认知能力，应得20分；

3.4.5题测手的灵巧，应得28分；

6.7题测语言能力，应得20分；

8题测社交能力，应得10分；

9题测自理能力，应得4分；

10.11.12题测运动能力，应得28分。

共计可得110分。总分在90～110分之间为正常，120分以上为优秀，70分以下为暂时落后。

哪道题在及格以下，可先复习上月相应试题，通过后再练习本月的题。哪道题常为A，可跨越练习下阶段同组的试题，使优点更加突出。

专题讲座4：安抚宝宝哭闹

1．婴儿哭闹的真正含义

新生儿不会用语言来表达他们的需要，哭就是他们的语言，从离开母体的那一刻起，新生儿就用哭来向世人宣布，他来到了这个世界。

这第一声哭的意义非常重大。没有这第一声哭，医生们就会立即进入紧张的抢救之中，这哭是生命的象征，这哭声的大小是衡量生命质量的砝码。不但第一声哭是重要的，哭在整个新生儿时期都有其特有的意义。

对于新妈妈来说，最烦恼的，莫过于宝宝的哭闹。但婴儿是不会无缘无故哭闹的，她的哭闹是有原因的。新妈妈不要为婴儿的哭而烦恼，那是宝宝在和妈妈说话，新妈妈要学会聆听婴儿“说”什么，了解宝宝为什么会哭闹，并正确地回应宝宝。

2．婴儿哭闹的几种形式

饥饿时哭 平坦而有节奏，边哭边觅食。哺乳后，即可入睡。

身体不舒服时哭 如卧位不适、衣服过紧、蚊虫叮咬等，此时宝宝特别烦躁，四肢扭动、眉头紧皱。处理舒适后即可停止。

受到惊吓或打击时哭 哭声高而尖，新妈妈要迅速找到原因，并做出相应的回应。

疼痛时哭 哭声忽缓忽急，不觅食。可能是肠绞痛、胀气、外耳道疖、皮肤感染等。首先要测体温，并及时请儿科医生诊断治疗。

烦躁不安或孤独时哭 哭声断断续续，时不时会睁大眼睛四处张望，抱起安抚后即可不哭。

3．哭闹的解决方法

原因一：婴儿是否饿了

解决办法 月龄小的宝宝一般3～4小时要喂一次奶。如果时间差不多了，宝宝哭闹起来，可以把手指放在宝宝嘴边，轻轻戳一下。宝宝要是饿的话，会张开嘴巴，有明显的觅食反应。宝宝要是一直醒着，会比睡觉的时候容易饿，不到3个小时，也要给他喂奶。

如果宝宝经常性的，1～2个小时就要哭闹着吃奶，那么可能就是一次喂奶量不够。如果是人工喂养就增加每次奶粉的量。如果是母乳不够，就另外给宝宝吃奶粉，采用混合喂养。

另外，人工喂养的宝宝，不到喂奶时间哭闹，不一定是饿，也可能是渴了。所以还要注意每两次喂奶中间，要给宝宝喝温开水，一次30～50毫升。如果宝宝不肯喝开水，就加一点葡萄糖粉。母乳喂养的宝宝不需要补充其他水分。

原因二：检查尿布是否湿了

解决办法 给宝宝用纯棉尿布，一般尿一次就要换一块。虽然用纯棉尿布很麻烦，要经常换，还要洗。但白天最好还是用纯棉尿布，宝宝的屁股很娇嫩，用纯棉尿布的宝宝不容易出现红屁股。而且纯棉尿布还可以重复使用，也比较节省。

在使用纯棉尿布时，可以在尿布和宝宝的屁股之间垫一张隔尿垫巾，宝宝要是尿了，这张垫巾可以起到隔离的作用，不会让宝宝的屁股泡在尿液里；要是便便了，便便会留在这层垫巾上，不会过到尿布上，尿布也容易清洗。洗尿布只需要用透明皂打一下，用水冲洗干净就可以了。平时便便后要用柔湿纸巾擦干净。每天除了给宝宝洗澡，在临睡前，还要给宝宝洗屁股，洗好后涂上护臀膏。

晚上使用纸尿裤，不要一夜都不换，如果尿裤太沉，宝宝会不舒服。一般夜里起来喂奶时就要换一次。

在检查宝宝尿布是否湿了的时候，也要检查一下宝宝是否有红屁股，如果红了，就要抹一些护臀膏。

如果宝宝的衣裤也湿了，要及时更换。

原因三：宝宝是否想要人抱了，是否想睡觉了？

解决办法 如果宝宝躺着哭了，把他抱起来就不哭了，排除上面两种原因，那就是想要人抱了。这时你需要及时去回应宝宝，把他抱起来，不要担心这样会把他惯坏了。

有些宝宝想睡觉时也会哭闹，这时候家长需要把宝宝抱起来轻微摇晃，轻轻拍拍他，哄他入睡。

原因四：检查宝宝身上有没有发疹子，打预防针的地方有没有红肿、化脓

解决办法 把宝宝的衣服解开，看看有没有发疹子？有没有被蚊子咬的包？如果有发疹子的情况，应该去医院。如果是脸上发的湿疹，可以用儿童霜涂一下，效果很好。

打预防针的地方也要注意观察，一般打完预防针当天，宝宝会比较闹，要多给他喝水。接下来的几天也要留意一下打预防针的地方有没有异常变化，注意不要沾水，抱的时候不要碰到伤口，过几天就会好。

原因五：检查宝宝的鼻子里是否有鼻屎

解决办法　给宝宝清理鼻屎时可以用小棉签(不能用普通的那种，太大了塞不进去)，不能太深入宝宝的鼻子。如果鼻屎很深处，不用急着处理，宝宝打喷嚏的时候会把鼻屎带出来，等带到比较靠近鼻孔的时候，再用棉签清理出来。

原因六：摸摸宝宝的肚子是否硬邦邦的

解决办法　宝宝如果哭闹得很厉害，肚子自然会绷紧，所以要宝宝稍微安静的时候摸。肚子硬邦邦可能是腹胀。如果宝宝每次喝完奶就会哭闹，同时肚子僵硬，那就可能是消化不良。给宝宝喂一些开水喝，如果症状缓解，就没什么关系。也可以给宝宝吃一些助消化的药。

奶粉要冲淡一些，比如2勺奶粉应该加120毫升水，你可以加150毫升水。虽然奶粉说明书上都说奶粉太稀不好，但是有些宝宝就是不能吃按照比例充调的奶粉。偶尔一次的消化不良不用太紧张，如果连续好几天这样，吃药也没什么效果，就要考虑是不是宝宝对这种奶粉不适应？最好换一种奶粉试试看。

原因七：宝宝是否穿得太多或者太少

解决办法　宝宝穿衣服的件数应该和大人一样，外面再包一层抱被就可以了。宝宝哭闹时，可以摸摸宝宝的脖子后面，感到温热，没有汗，就表示宝宝穿得差不多。

原因八：衣服是否合适

解决办法　宝宝的衣服应该选择柔软的棉制衣服。三个月内的宝宝，不要给他穿套头的衣服。如果要穿毛衣，要注意领子不要接触宝宝的皮肤，不然会把宝宝扎痛。

使用纯棉尿布的时候，外面还要包一个尿裤。注意尿裤的粘贴部分是很扎人的，不要粘到宝宝的皮肤上。

衣服的带子也不能系得太紧。

原因九：周围环境是不是过于吵闹，温度是否合适

解决办法　宝宝喜欢安静的环境，家里来往的人过多，声音过吵，都会让宝宝烦躁不安。宝宝的房间不能让太多人进入，说话的声音不要太大。特别是宝宝睡着时，一点声响都会惊动他。

室温在15℃～20℃时最合适。天气太冷或者太热的时候要开空调调节温度。

PART 2

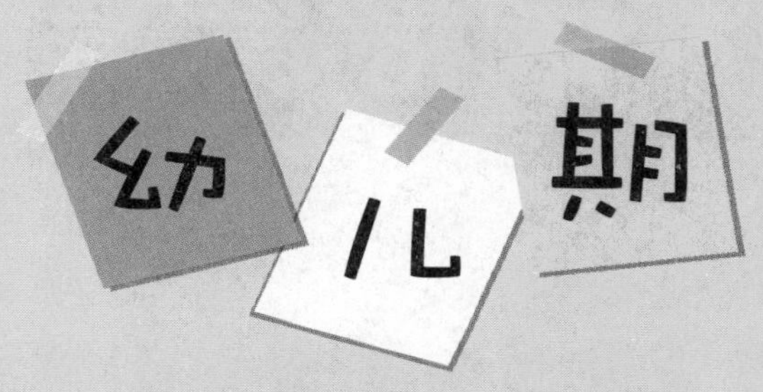

1～3岁称为幼儿期，这一时期是孩子智力发展非常迅速的时期，是孩子的特殊才能开始表现的时期，也是个性、品质开始形成的时期。幼儿期个性的形成是以后个性发展的重要基础。

人的大脑蕴藏的细胞总数大约为100亿个左右，其中70%～80%是3岁以前形成的。在这一时期主要形成语言、音感和记忆细胞，大脑的各种特征也日趋完善。

近年来，许多儿童教育家把1～3岁看做是早期儿童智力开发的“关键年龄”，并引起社会和家长的普遍重视。所谓关键年龄是指人生学习效率最高的年龄阶段。在此期间所实施的教育，可收到事关功倍的效果。有人说“三岁之貌、百岁之才”，意思是说3岁之前形成的才华能决定他的一生。

第13～15个月 发育监测与达标

体格发育

体格发育监测标准

男宝宝

身长 73.4～85.0厘米，
平均79.2厘米

体重 8.1～12.6千克，
平均10.4千克

头围 44.2～49.4厘米，
平均46.8厘米

胸围 43.1～51.1厘米，
平均47.1厘米

囟门 大部分宝宝的囟门已经完全闭合

牙齿 大多数宝宝已经长出8颗牙齿，即上、下切牙各4颗，少数小儿开始长出左右2颗下前磨牙。

女宝宝

身长 71.9～83.9厘米，
平均77.9厘米

体重 7.7～11.9千克，
平均9.8千克

头围 43.2～48.4厘米，
平均45.8厘米

胸围 42.1～49.7厘米，
平均45.9厘米

囟门 大部分宝宝的囟门已经完全闭合

牙齿 大多数宝宝已经长出8颗牙齿，即上、下切牙各4颗，少数小儿开始长出左右2颗下前磨牙。

体格发育促进方案

随着宝宝乳牙的陆续萌发，咀嚼消化的功能较以前成熟，在喂养上略有变化，每日进食次数为5次，3餐中间上下午各加一次点心。宝宝的膳食安排应尽量做到花色品种多样化，荤素搭配，粗细粮交替，保证每日能摄入足量的蛋白质、脂肪、糖类以及维生素、矿物质等。

培养宝宝良好的饮食习惯能使宝宝拥有较好的食欲，避免宝宝挑食、偏食和吃过多的零食。为了保证维生素C、胡萝卜素、钙、铁等营养素的摄入，宝宝应多食用黄、绿色新鲜蔬菜，如油菜、小菠菜、胡萝卜、西红柿、甜柿椒、红心白薯等。另外，每日还要吃一些水果。含维生素C较多的水果有柑橘类、枣、山楂、猕猴桃等。除此之外，每日吃2次鱼肝油，每次仍为3滴，钙片每日2片。

◆本阶段营养计划表◆

主要食物		粥、面条、面片、包子、饺子、馄饨、软饭
辅助食物		配方奶、白开水、水果、菜汁、菜汤、肉汤、磨牙食品、肉末(松)、碎菜末、肝泥、动物血、豆制品、蒸全蛋、馒头、面包等
餐次		配方奶2次，辅食3次
哺喂时间	上午	6：00牛奶或配方奶240毫升，鸡蛋1个；8：00喂小包子25克，水果2～4片，菜汤或肉汤120～150毫升；10：00喂面包25克，酸奶50毫升；12：00喂碎肉末或碎菜末或豆腐或动物血或肝30～60克
	下午	14：00喂米饭一小碗，碎肉末或碎菜末或豆腐或动物血或肝50克；16：00水果100克；18：00喂面条一小碗，豆腐或动物血或肝末或肉末或碎菜末30～50克，肉汤50～100毫升
	夜间	20：00喂蛋糕或面包一小块，温开水适量；22：00牛奶或配方奶250毫升

第13～15个月 发育监测与达标

智能发育

粗大运动

粗大运动发育水平

● 能独立走稳，扶手上下楼梯。

● 只能维持独立体位，跑起来还很僵硬，跑步时稍向前倾就会跌倒。

● 拉着宝宝的一只手，帮助他掌握平衡，宝宝就能处于直立体位走上楼梯。

● 宝宝能面向大椅子爬上去，然后转身坐下。

达标训练

1.独立行走

这个阶段是宝宝学会走路进展迅速的时期，开始他可能仅是蹒跚地行走几步，他会很愿意的经常走起来。家长要多给宝宝一些锻炼的机会，可逐渐拉长距离练习。可与宝宝一起玩扔球、捡球、找东西的游戏，训练宝宝独自在地上玩，独自蹲下捡东西，独自站起，并平稳地独自行走。可让宝宝拉着小拖车类的玩具练习走路，并使宝宝有机会学习拉着玩具侧着走和倒退走几步。

2.扶手上下楼梯

在宝宝能够独立行走后，可拉着他的手练习迈楼梯，开始宝宝可能抬脚费力、身体不平衡，家长可用较多的助力帮他迈上楼梯，以后逐渐减少家长的助力，锻炼宝宝自己的力量迈上楼梯，下楼梯也是如此。此期宝宝还掌握不好身体的平衡。只是拉着他体会高和低的感觉。

3.取放皮球

把皮球放在筐里，让宝宝站在距筐2米左右的地方，大人发出指令后，让宝宝自己到筐里拿皮球，然后再让宝宝把皮球放进筐里。如此反复，训练宝宝朝着指定的方向走。

精细运动

精细运动发育水平

● 能用积木叠塔，叠小套筒。

● 用棒状物插入小孔。

● 握笔在纸上乱涂。

● 手指能够握杯，但握得不稳当，常把杯里的东西洒出来。

● 能够握匙取菜，但不能装满东西，到达口时往往东西掉落。

达标训练

1.自发涂画

继续鼓励宝宝自己拿笔涂画，此时可先教宝宝学会拿笔，主要是指教他会掌握住笔，笔尖向下画，同时教他学画，使宝宝能够自己主动地画出笔画。这个年龄段的宝宝主要是随便乱画，不要生硬地制止他，而是鼓励他模仿着画出一些笔画，告诉他这些像什么。此时并不要求宝宝画出什么，主要是培养宝宝运用笔的能力，培养他们的“创作欲望”。

2.搭积木

在桌上放几块积木，大人示范后鼓励宝宝自己搭。一开始宝宝可能总是搭不起来，不要着急，经过多次训练，宝宝可以搭到三块而不碰倒积木。

3.捡豆豆

给宝宝5~10粒莲子（蚕豆、花生都可以），一个小碗，然后让宝宝用拇食指对捏把莲子捡到碗里，训练宝宝手指的肌肉。玩捡豆豆的游戏要根据宝宝的年龄和特点调整豆豆的数量，每次不宜给过多的豆豆，以免宝宝对游戏失去兴趣。

疫苗接种备忘录

1.预防百白破、白喉、破伤风的“百白破”疫苗的复种。

2.根据情况选种流感疫苗、水痘疫苗、流行性腮腺炎疫苗。

认知能力

认知能力发育水平

● 能指认身体5个部位，会按要求指出鼻子、眼睛、头发等。

● 叫出一些东西的名称。

● 对一些图画中的画面有兴趣，这是有意注意的萌芽，但注意力容易分散。

● 能玩简单的想像游戏。

● 模仿家长做家务，模仿成人的动作，如咳嗽、语调等。

达标训练

1.动手游戏

这个年龄阶段的宝宝开始有了主动性，可以自己动手进行一些操作。这时可以和他玩多种动手游戏，如搭积木、叠小套桶等。家长可先给他做示范，说“我们来搭一座高楼”，然后让他模仿做，以后让他自己搭着玩儿，从搭两块积木开始，逐渐增加。

该年龄段的宝宝一般可搭起3～4块积木。还可教他把铅笔插入笔筒内，开始用大口的笔筒，慢慢地改用小口的笔筒，或是仅可插一支笔的笔座。也可教他玩插插片，把小的东西装入小口径的容器等。这些都可训练他手的灵活性和准确性。

2.摸一摸，说一说

准备一些宝宝熟悉的餐具，如小碗、小勺、茶杯、小盘、奶瓶等，以及一个布口袋，然后让宝宝边说上述物品的名称，边将物品放入袋子中。

让宝宝将手伸到口袋中摸到一件物品，说出物品的名称，再拿出来看一看说的对不对。如果宝宝说对了，就让宝宝继续摸；若宝宝说得不对，就由妈妈来摸，然后妈妈说出是什么物品。宝宝再听妈妈地指令，妈妈让摸出茶杯，宝宝就在袋子中摸出茶杯；反过来可以让宝宝发出指令，让妈妈来摸。

语言能力

语言发育水平

● 听懂家长日常言语，说出几个有意义的词。

● 能说10～19个字。说出这些字均有含义，但发音不一定清楚。

● 会有意识叫爸爸妈妈及称呼周围熟识的人。

● 知道自己的名字。

● 用几个单字表达自己的意愿。

达标训练

1.命名物体

这时宝宝已开口说话了，家长首先是要经常给宝宝看些画片、幼儿图书等，教他正确认识各种物体的名称及简单的用途。要经常带宝宝出去玩玩，使宝宝认识外界更多的东西，在教宝宝认识的过程中多引导和鼓励他自己说出这些物体的名称，主动地称呼周围的人。即正确的命名物体。对各种东西家长都要问："这是什么？"启发宝宝说出名称，宝宝说不出时要清楚地告诉他，反复强化，使宝宝能够说出更多物体的名称。

2.表达

语言是人们交往的工具，交往首先是自我表达，要教宝宝能用正确的词语表达自己的要求。

开始宝宝可能多用手势、动作表示自己的意愿，比如拉着家长的手去干某些事情，这时家长要坚持教宝宝用语言来表达，如"要、拿、喝"等。这时宝宝多是说一个单字，但这个单字往往是代表一句话，而且可能是多种意义的表达。如"拿"可能是"把东西拿给自己"，也可能是"拿给你"等，家长要善于理解宝宝的语言，正确满足他的要求，并教会宝宝用更明确的词语来表达。

3.模仿动物叫

大人可以拿出小狗的玩具，发出"汪汪"的声音；拿出小牛的画片，发出"哞哞"的声音；拿出小猫的画片，发出"喵喵"的声音。诸如此类，给宝宝提供更多开口模仿发出声音的机会。

社会交往能力

社会交往能力发育水平

● 产生独立心理，什么事情都想自己做。

● 见陌生人开始出现含羞表情。

● 喜欢显示自己成功而自豪，做错事会感到内疚或不安。

● 当宝宝接受别人给的东西时会说谢谢，或者发出任何表示这种意思的声音。

● 需要帮助时会主动求助大人。

达标训练

1.让宝宝和小伙伴一起玩

随着宝宝活动范围的增大，他的交往机会会越来越多，要有意识地让宝宝和一些小伙伴及家长一起玩，也可教他将娃娃当作伙伴玩。此时宝宝虽然不能你来我往地合作玩，但要使他建立最初的伙伴概念，培养宝宝与别人一起玩的愉快情绪。

2.学用勺子及拿杯子

家长要给宝宝自己做些事情的机会，即教他学着做事。

首先是从吃饭开始，教宝宝学会自己拿着勺子从碗中取饭往嘴里送，开始宝宝可能用勺很不准确，会洒很多，但仍要给他机会尝试，可单独给他一个碗和勺，里面放较少的食物供宝宝练习，家长仍可保证喂饱宝宝。

用杯子喝水也是如此，开始杯中可少放些水，教宝宝自己端着往嘴里送，家长可适当地给予帮助，以后逐渐由宝宝自己完成。

家长不要因为怕食物洒得满地，或怕弄脏了衣服等而不允许宝宝学习，这样会挫伤宝宝的积极性。因为做这些事情不仅是宝宝最初生活自理能力的学习，而且也是对宝宝主动性和独立性的培养。

3.培养独立生活能力

在培养宝宝定时睡眠、定时进餐、定时大小便等生活习惯后，还要进一步培养宝宝主动控制大小便、主动坐盆、自己脱鞋脱帽等能力，让他学会自己摆放鞋子，将鞋子放在固定的地方等，养成一些生活好习惯。

4.观察和分辨各种表情

大人要在日常生活中多用自己表情的变化来启发宝宝分辨他人情绪的能力，让他在和大人的接触中，逐渐体验到大人喜怒哀乐的各种表情。

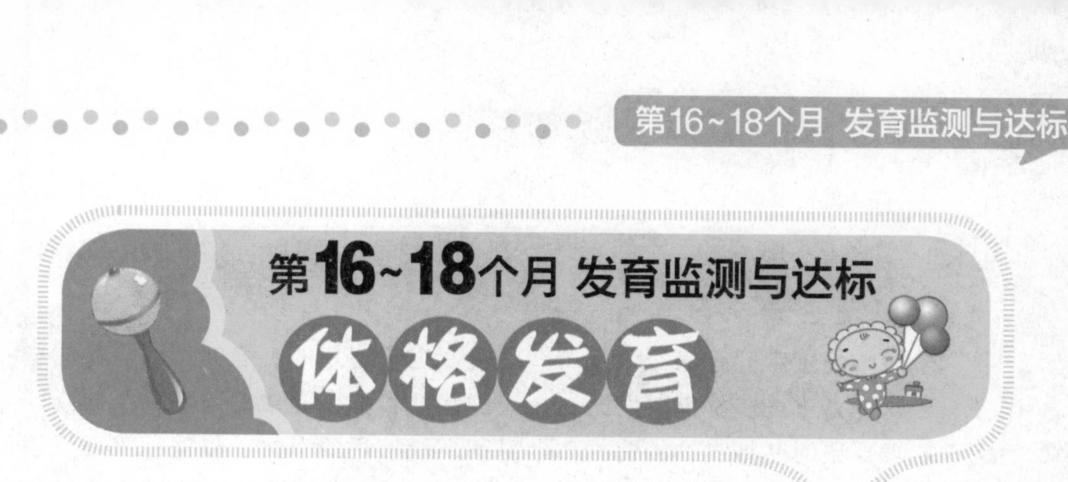

体格发育监测标准

男宝宝

身长 75.2~88.0厘米，平均81.6厘米

体重 8.6~13.2千克，平均10.9千克

头围 44.8~50.0厘米，平均47.4厘米

胸围 43.8~51.8厘米，平均47.8厘米

囟门 囟门已经闭合

牙齿 10~16颗

女宝宝

身长 74.4~86.4厘米，平均80.4厘米

体重 8.2~12.5千克，平均10.3千克

头围 43.8~48.6厘米，平均46.2厘米

胸围 42.7~50.7厘米，平均46.7厘米

囟门 囟门已经闭合

牙齿 10~16颗

体格发育促进方案

这个阶段的宝宝乳牙已经大部分出齐，消化能力进一步提高。同时，宝宝开始表现出对某种食物的偏好，也许今天吃得很多，明天只吃一点儿。家长不要为此过分担心，也不必刻板地追求每一餐的营养均衡，只要在这个阶段内给宝宝提供尽可能丰富多样的食品供他选择，宝宝就能够摄取充足的营养。

17～18个月宝宝总体的营养需求量要高于婴儿期。虽然可以咀嚼成形的固体食物，但依旧还是要给他吃些细、软、烂的食物。根据宝宝用牙齿咀嚼固体食物的程度，为宝宝安排每日的饮食，此时宝宝可从规律的一日三餐中获取均衡的营养。最好选择蔬菜、鱼肉、低盐、少油的清淡饮食。如果饮食结构不合理，很容易造成宝宝营养不良，因此，在宝宝成长过程中要注意观察。

◆本阶段营养计划表◆

主要食物	粥、面条、面片、包子、饺子、馄饨、米饭	
辅助食物	配方奶、白开水、水果、菜汁、菜汤、肉汤、磨牙食品、肉末(松)、碎菜末、肝泥、动物血、豆制品、蒸全蛋、馒头、面包、小点心（自制蛋糕等）	
餐次	配方奶2次，辅食3次	
哺喂时间	上午	6：00牛奶或配方奶240毫升，菜泥50克；8：00喂馒头片25克，菜汤或肉汤120～150毫升，水果2～4片；10：00喂面包25克，酸奶50毫升，鸡蛋1个；12：00喂碎肉末或碎菜末或豆腐或动物血或肝30～60克，温开水或水果汁或菜汁120～150毫升
	下午	14：00喂粥一小碗，碎肉末或碎菜末或豆腐或动物血或肝50克，鸡蛋1个；16：00水果100克；18：00喂面条一小碗或小饺子3～5个或小馄饨5～7个，豆腐或动物血或肝末或肉末或碎菜末30～50克，肉汤50～100毫升
	夜间	20：00喂馒头或蛋糕或面包一小块，适量温开水；22：00牛奶或配方奶250毫升

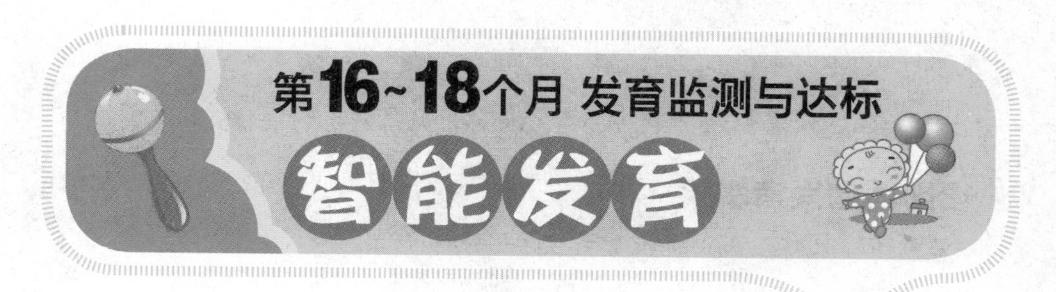

粗大运动

粗大运动发育水平

● 能蹲下捡东西，接着站起来再走，很少摔跤。

● 可抬脚踢球。

● 扶拦上几步楼梯。

● 开始学跑。

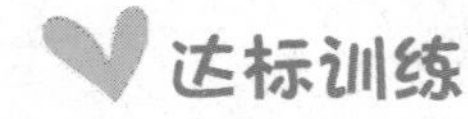

达标训练

1.行走自如

此时期宝宝的活动场所主要是地上了，可与宝宝在地上玩多种游戏。此阶段球是宝宝最好的玩具，可与宝宝相互扔球、接球、滚球、踢球等，这样可锻炼宝宝在独立行走中学会自如地做各种动作。还可以让宝宝推着宝宝车玩，教他学会推车前进、后退、转弯等，使宝宝行走更加熟练、稳定。

2.捉蝴蝶

家长将系在绳子上的彩色蝴蝶晃动着落在某处，当宝宝去捉时，家长立刻提醒他，让他去追，追到后面提起，反复玩。通过游戏让宝宝练习走步，小步跑，也可以在墙上贴上用鲜艳的纸做成的蝴蝶，让宝宝靠墙坐着，当听到家长“看墙上有蝴蝶，快去捉”的口令时，宝宝跑过去碰一下蝴蝶然后再回来坐下。

精细运动

精细运动发育水平

- 能模仿画出线条。
- 会抛球。
- 可将小物放入小瓶并从小瓶取出。
- 会翻书看书。

达标训练

1.看书、翻书

书是我们生活中的好老师，在重视人才培养的今天，有很多书可供宝宝们来学习，从小就可培养宝宝养成看书的好习惯。要多给宝宝看图画书，用宝宝能理解的语言讲一些简单的道理，此时他不一定都能听懂，但可以培养他注意听，并反复向他提问，加强宝宝的记忆力。看书中让宝宝学会自己翻书，教他灵巧的、一页一页地翻书，让他找自己喜欢看的图画。

2.套环

给宝宝一些彩环，家长示范后，让他学习将彩环套在垂直的塑料柱上。通过游戏训练宝宝手指的准确性和灵活性。

3.穿扣子

家长先示范用细塑料绳穿扣眼，然后让宝宝模仿。通过游戏训练宝宝手的动作准确性和眼、手协调能力。

认知能力

认知能力发育水平

- 认识常见的实物和图片。
- 好奇心强，勇于探索。
- 学习接受能力强，喜欢拿笔，画画。
- 指认身体器官，能正确指出身体5个部位。
- 会说出自己的名字、某些要求和一些实物。
- 能执行简单的命令。

达标训练

1.生活模仿游戏

宝宝渐渐长大些了，玩的花样也多起来，这时家长可与宝宝玩一些生活模仿游戏，如“让娃娃睡觉了”，“我们来做饭”等等。在玩的时候，家长要边玩边讲，教宝宝学会理解事物之间的关系，并教会他和家长合作玩，玩完后和家长一起把玩具收拾好，这样既锻炼了宝宝的动手能力，又培养了宝宝的社会适应能力，并从小养成良好的习惯。

2.排位置

用大纸画一张脸，再用小的片块画上脸部器官（眉、眼、鼻、口、耳），让宝宝摆在正确的位置上，然后再帮助宝宝将画好的身躯、四肢、手足、衣服等摆正。

3.认识1和2

竖起拇指和食指表示要两块饼干及两块糖果，会摆两块积木表示2。

4.绘画

边教画边复习图形，把着宝宝的手教他画直线、竖线。

5.认识自然现象

有太阳、星星、月亮，或者下雨和下雪，有时刮大风，在下大雨时会出现闪电和雷声。通过家长讲述，使宝宝认识大自然的各种现象。

语言能力

语言发育水平

- 能说20～29个字，说出的这些字均有含义。
- 能将2～3个字组合起来，形成一定意义的句子。
- 会用小名称呼伙伴。
- 能用语言表达自己的需要，常伴有手势。

达标训练

1.懂语言命令

此年龄宝宝已能听懂许多话了，这时家长要有意识地多用语言的指示调动他的活动。如让宝宝“把杯子拿来”、“给爸爸拿拖鞋”、“我们到外面去”等等，使宝宝建立这种按指示做事的概念。

同时也要注意一些否定性语言的学习和使用，要让宝宝真正懂得“有、没、要、不要、是、不是”等概念，并学会用语言正确地表达。

2.接背儿歌

为了促进宝宝言语的发育，可以经常给宝宝念一些儿歌，儿歌里既有一些可供宝宝理解的句子，又可以押韵的形式教宝宝学习发音，特别是有些儿歌配有一些图画，更可引起宝宝的兴趣。

在多次念某一首儿歌后，宝宝会留下很深的记忆，此时他虽然还不能背出完整的儿歌，但他会记住其中一些重要的字音，当你念到这些音时，他会和上你的音念，这时家长可有意识地不念完整，启发宝宝接着背，如大马路，宽又……警察叔叔站……等。这既教宝宝学习了语言，又锻炼和检验了宝宝的记忆能力。

社会交往能力

社会交往能力发育水平

● 会脱去简单的衣物，白天不尿裤子，喜欢和小伙伴玩。

● 在镜中真正认识自己的存在。

● 开始产生对黑暗和动物的恐惧感。

● 能在家里模仿家长做些事。

达标训练

1.戴帽、脱袜

宝宝又长大了一些，他开始学会自我服务了，可先锻炼他自己戴帽子，开始可能戴不好，家长可让他在镜子里看自己服务的效果，逐渐教他自己戴正帽子。上床时教他自己脱袜子，也可把鞋带解开后教他自己脱鞋。从小他这种自我服务的愿望是很强的，因为这是他学习本领的过程，注意一定不要挫伤他的积极性，让他养成懒惰的坏毛病。

2.生活规律

宝宝的饮食和睡眠较之前均有很大改变，他可以吃一些加工细致的普通食物，每日睡眠时间和次数也明显减少。这时可按宝宝的生活节奏安排好他一天的作息时间，培养宝宝晨起高兴洗脸，按时吃饭、睡觉，睡前洗脚、洗脸等好习惯，使宝宝生活形成规律。

疫苗接种备忘录

1.接种百白破疫苗第4针。

2.根据情况和季节选种轮状病毒疫苗、流脑疫苗等。

1岁半宝宝综合测评

1.配上认识的水果或动物图片：(以8分为合格)

A.6对(12分)

B.5对(10分)

C.4对(8分)

D.3对(6分)

2.指出身体部位：(以10分合格)

A.9处(18分)

B.7处(14分)

C.5处(10分)

D.3处(6分)

3.背数到：(以下两项相加以10分为合格)

A.10(14分)

B.5(10分)

C.3(7分)

D.2(5分)

会拿东西：

A.2个(5分)

B.1个(3分)

C.不会(0分)

4.按吩咐从形板或积木中找出圆形、方形、三角形：（以10分为合格）

A.3个(15分)

B.2个(10分)

C.1个(5分)

5.搭积木、搭高楼或拼火车：（以10分为合格）

A.共搭4块(12分)

B.搭3块(10分)

C.搭2块(8分)

D.搭1块(4分)

6.准确将三个形块放入三形板的相应穴内：（以8分为合格）

A.3块(12分)

B.2块(8分)

C.1块(4分)

7.说出自己的小名：（以下两项相加以10分为合格）

A.会(5分)

B.不会(0分)

8.用单音说出物名：（以8分为合格）

A.5种(10分)

B.4种(8分)

C.3种(6分)

D.2种(4分)

9.从胡同口：（以10分为合格）

A.找到自己的家门口(10分)

B.找到自己的门号或楼门口(8分)

C.走到门口不敢认门(4分)

结果分析

1.2.3.4题测认知能力，应得38分；

5.6题测手的精巧，应得18分；

7.8题测语言能力，应得18分；

9题测社交能力，应得10分；

共计可得84分。总分在60～84分之间为正常，90分以上为优秀，60分以下为暂时落后。

哪道题在及格以下，可先复习上阶段相应试题，通过后再练习本月的试题。哪类题常为A，可跨越练习下阶段同组的试题，使优点更加突出。

专题讲座5：宝宝肢体语言

新生宝宝是有自己想法的，例如肚子饿了，要便便或者生病不舒服，虽然不能开口说话，但仅依靠肢体语言或者一些叽叽咕咕的声音，也可以告诉父母们他们的意愿。如何读懂宝宝的肢体语言呢？

1.宝宝怎样学习肢体语言

他人刻意的教导

通常是家人或保姆。当小宝宝身体的发展到某一程度，手肢较能灵活运用时，如成人或较大的孩子都乐于教他做一些可爱逗趣的动作，通常是配合语言的教导，如说："跳舞！跳舞！"就教小宝宝扭动屁股、摆摆腰。说："万岁！万岁！"就教他高举双手。这些幼儿期的肢体的语言，多数会随他们年龄的增长就慢慢不再使用。因为他已经懂得了丰富的语言来表达，有的会继续使用到成长，乃是辅助、强调语言意义。

他人无意的示范

曾有位母亲，有天乍见她的学龄前女儿双手叉腰，横眉竖眼地教训家中的小表弟，她才惊觉原来自己平常就是这副样子在管教孩子。有个爸爸下班回家后，常躺在沙发上，翘着脚，一派悠闲地看着电视，他的两岁儿子竟也学起他的模样，看了令人开怀大笑。

幼儿的模仿性很强，所以父母良好的示范是很必要的。肢体语言与口语一样，有些会带给别人愉悦的感觉，也有些令人不悦，当幼儿表现不雅的或没礼貌的肢体语言时，父母应立即予以纠正。父母应从小教导孩子表达合宜适当的肢体语言，它与口语表达的能力训练是一样重要的。

2.宝宝有哪些肢体语言

拍手、咧嘴笑

表示兴奋高兴的状态。一般来说，宝宝笑的时候眼睛有神，两手同时活泼地晃动，充分散发童真的魅力。这时父母应以笑脸，用手轻轻地抚摸婴儿的面颊，并在他的额头亲吻一下，给予鼓励。

瘪嘴

表示成人没有及时满足他的要求，这往往是啼哭的前兆。父母需要细心观察婴儿的要求，适时地去满足他，如喂他吃奶，逗他开心，抱他去户外玩。

吮手指

吮手指是婴儿智力发育过程中的重要里程碑之一。宝宝出生后，早期只能用哭声和面部表示要求和倾诉，并且通过口唇来进行探索。随着年龄的增加，宝宝开始将手放入口内吸吮，自得其乐地玩弄自己的嘴唇、舌头，这是宝宝高兴时的一种表现。

红脸横眉

表示要便便。婴儿先是眉筋突暴，然后脸部发红，这是要大便的信号，父母应立即解决他的“便急”之需。

撅嘴、咧嘴

男宝宝通常以撅嘴来表示要小便，女宝宝则多以咧嘴或上唇紧含下唇来表示要小便。

吐气泡、流口水

表示光吃牛奶已经不能满足宝宝的需求，该给他加吃米粉了。4个月大的婴儿唾液腺的分泌量开始增加，所以口水会相应的增多，吐泡泡的机会也增多，严重的还会流涎。由于这些唾液腺内含有一定量的淀粉消化酶，起到消化淀粉的作用，所以这时可以吃大米类的食品了。

表情呆板，眼神黯然

表示宝宝可能生病了。健康的宝宝眼神总是明亮有神，清澈灵动的。如果发现宝宝最近眼神黯然呆滞，无光少神，那很可能是身体不适的征兆，也许他已经患上了疾病。这时最好带宝宝去看医生，千万不要迟疑。

哭

哭往往表达了多种意思，所以父母必须努力去探究和解读，同时根据不同的表现和要求采取相应的处理，这样就不会过度紧张和束手无策了。

爱理不理

有时宝宝玩着玩着，眼光会变得发散，不再像开始时那么目光灵活而有神了，对外界的反应也不再专注，还时不时地打哈欠，头转到一边不太理睬妈妈，这表示他困了，需要给他创造一个安静而舒适的睡眠环境。

其他动作

7～9月是宝宝身体的语言期，能用体态表达意见，不但有表情、有动作，有时还发出声音。婴儿会张开双臂，将身体扑向亲人，要求拥抱、亲热。还会同人打招呼，能表示要或者不要，表达谢谢、再见等，还能用食指表示“我1岁啦”或者“要1个”。

3. 训练宝宝的肢体语言

营造一个温馨安全的环境

孩子在一个温暖安全的环境中，会乐于表达自己。

理解孩子

对于孩子咬人、丢东西等行为，要先了解其原因，体察他的情绪，再教导他一些不会伤害其他人和物的表达方式。

给予想像力的发挥

给孩子看一些人不同表情、姿势的图片或照片，让他想像这些人为何这样。或与孩子一起看电视，讨论剧中人物的表情、心意。这有助于孩子学习到察言观色的能力与学习合适的肢体语言表达。

适时的鼓励与赞美

当孩子表达方式合适或有进步时，应给予适当的鼓励。

注意肢体语言的礼貌

跟别人说话时，勿用手指指着对方，而眼睛要专注对方的脸孔。不要两手臂交叉抱在胸前，这会使他人有压迫感与被排斥感。

留意父母本身惯用的肢体语言

孩子是父母的一面镜子，有蹙眉叹气习惯的父母，他们的孩子一定也常如此。急躁的父母，其子女也一定不易平静。

第19~21个月 发育监测与达标

体格发育

体格发育监测标准

男宝宝

身　长 78.0～90.8厘米，平均84.4厘米

体　重 9.0～13.9千克，平均11.1千克

头　围 45.2～50.4厘米，平均47.8厘米

胸　围 44.4～52.4厘米，平均48.4厘米

牙　齿 长出16～20颗

女宝宝

身　长 76.9～89.3厘米，平均83.1厘米

体　重 8.6～13.2千克，平均10.9千克

头　围 44.3～49.1厘米，平均46.7厘米

胸　围 43.3～51.3厘米，平均47.3厘米

牙　齿 长出16～20颗

体格发育促进方案

这一时期，还没有断奶的宝宝应尽快断奶，否则将不利于宝宝建立起适应其生长需求的饮食习惯，更不利于宝宝的身心发育。

宝宝的食物要做的碎、软、烂。面片汤、馄饨比较适合，避免给宝宝食用刺激性食物，如辣椒、胡椒、油炸食品；要尽可能多的保留食物中的营养素，必须注意烹饪得法，如挑选蔬菜要新鲜，蔬菜不要泡在水里时间太长，应洗干净再切，防止维生素流失；制作的膳食应小巧、精致、花样翻新，使宝宝越看越想吃，越吃越爱吃，从而保证足够的营养摄入量，促进宝宝的生长发育。

这个时期父母应放手让孩子自己吃饭，使其尽快掌握这项生活自理技能，也可以为以后上幼儿园做好准备。尽管孩子已经学习过拿勺，甚至会使用勺子了，他有时还是愿意用手直接抓饭菜，好像这样吃起来更香，父母应该允许孩子用手抓取食物，并提供一些可以手抓的食品，如小包子、馒头、面包等，提高孩子自己吃饭的兴趣。

◆本阶段营养计划表◆

主要食物	馒头、花卷、米粥、面条、饺子、馄饨、米饭	
辅助食物	牛奶、水果、肉、肝、动物血、豆制品、煮蛋、面包、点心	
餐次	一日3餐，两餐之间可给予辅助食品	
哺喂时间	上午	8：00米饭（或面条）半碗，蔬菜100～150克；10：00牛奶200毫升，水果120克
	下午	13：00菜拌饭1/3碗，鸡蛋1个；18：00喂饺子7～10个，鱼或肉（家长量的1/3左右），蔬菜适量
	夜间	21：00牛奶220毫升

第19~21个月 发育监测与达标

智能发育

粗大运动

粗大运动发育水平

- 跑得稳，很少摔跤。
- 能稳定地倒退走和侧方向走。
- 扶栏杆能自己上下楼梯。
- 能连续跑5～6米。
- 能双脚连续跳，但不超过10次。
- 在大人地保护下，能在小攀登架上下2层。
- 在大人地带领下，能模仿做简单的体操动作。

达标训练

1.跑

宝宝在刚学会走路时会踉踉跄跄，步伐显得比一般走路要快，但那并不是跑，而是身体尚不能很好地控制。在他能够较好地控制住身体，能平稳走路后即开始学跑。

起初他可能动作较僵硬，速度可能慢一些，经常鼓励宝宝练习，逐渐地使宝宝能较稳定地、协调地跑，速度可逐渐加快。还可教宝宝学习转弯，绕障碍物跑等。

2.倒退走

宝宝能倒退走也是运动稳定、协调的表现，可经常与宝宝一起玩拖拉玩具或做一些游戏，让宝宝练习持续地倒退走。

精细运动

精细运动发育水平

- 会把圆形、方形、三角形放入形状相同的盒孔内。
- 会握笔在纸上画出道道。
- 会将纸折两折及三折，但不成形状。
- 能将积木搭高5~6块。

达标训练

1.笔、纸活动

为了锻炼宝宝手的活动，除了一般的玩具外，纸、笔也可成为宝宝的活动工具，在让宝宝学画中教会他正确的握笔姿势，教他模仿在纸上画出一定的笔道。当然这时宝宝控制笔的能力还较差，画图的意识也不成熟，尚不能画出一定的图形，但我们可教宝宝画各种笔画，培养宝宝的模仿能力及控制手的能力。此时还可和宝宝一道玩折纸的游戏，不要折的太复杂，一般只折出横线、竖线、斜线即可。家长可多次示范，让宝宝来模仿，以锻炼宝宝的动手能力。

2.玩套盒

给宝宝准备大小不同的两层套盒，大人先示范，然后让宝宝将小盒拿出来，再放进去。也可在一个盒内放几个球，让宝宝一个一个拿出来，再放进去，训练宝宝手指肌肉的动作。

3.穿扣子

给宝宝一个扣子和一条塑料绳，让宝宝用塑料绳练习穿扣眼，穿过扣眼后再教他从另一面将塑料绳拉出来，训练宝宝的手眼协调能力。一般这个年龄段的宝宝可以穿过3个以上的扣子。

认知能力

认知能力发育水平

- 知道冷和热。
- 在大人的提醒下，能认识红色。
- 知道“1”和“1个”，认识圆的、大的、小的。

达标训练

1.培养一般能力

此时期的宝宝已经开始有了初步的思维活动，对事物的认识已开始向整体、多方面发展，所以在日常生活中及游戏中要注意培养宝宝的认识能力。教宝宝去观察一些不同的事物，在观察中教会他一些概念，如物体的大与小、位置的上与下等等，使宝宝对这些有一定的分辨能力。

这个时期，宝宝的记忆能力有了很大发展，家长在日常活动中可让宝宝有意识地记一些东西，家长在不同的时候给予提问，培养和锻炼宝宝的记忆力。

2.自我认识

教宝宝准确地说出自己的名字、性别和年龄，培养宝宝自我认知的能力。

3.认色

收集红、黄两种颜色的多种物品，如红色的丝带、红色的笔记本、红上衣、红鞋、红扣子、红盒子等，让宝宝通过识记这些红色物品，认识红色的共同特性，再用相同的方法训练宝宝认识黄色。

语言能力

语言发育水平

● 能自然地把2～3个字连贯地说出来，如“上街”、“没有了”。

● 能够说出由4～5个字组成的简单句。

● 能说出10个以上的人称，日用品和动物，10个左右的人体部位、环境房屋、食品和交通工具，5种以上的玩具和自然景观。

● 表达能力较差，常用一个字表达一种意愿，如宝宝想喝水时，只会指着杯子说“水”。

达标训练

1.双字词

宝宝在经过了较长一段单字词语后很快向双字词语发展。这个双字词不是指两字的重复，如“抱抱”、“拜拜”等，而是一些既有名词，又有动词，能较完整表达一定意思的词，如“妈妈抱”、“拿来”等，要多教宝宝学会这类的词句，多鼓励宝宝自己表达，使他能够较准确地使用一些词语。

2.强化语言能力

结合生活中的各种事物，经常给宝宝讲解，扩大宝宝的词汇量，让宝宝有机会模仿，并反复强化和训练。

社会交往能力

社会交往能力发育水平

- 能跟随大人做简单的动作。
- 能记住自己的名字、衣服、玩具和小朋友的名字。
- 能按照大人的吩咐办事，懂得大人的面部表情。

达标训练

1.主动交往

宝宝既能走路，又会用语言表达了，这时他会对周围的事物更好奇，而怯生的程度已大大减轻，他会对一些新的面孔产生兴趣，此时可鼓励和创造机会让他学习主动和别人交往，特别是与他年龄相仿的宝宝交往。他们可能会相互接触，或交换玩具，就是这些简单的活动，他会得到很多乐趣。家长不要强迫宝宝用某种方式与别人交往，而是让他用自己的方式去接近别人，这种简单的交往会给他带来很多好处。

2.学做家务

大人可以培养宝宝做一些简单的家务，如拿拖鞋、倒果皮、搬小板凳、抹茶几等。

3.和小朋友玩协同游戏

这个年龄段的宝宝一起玩有一个非常有意思的特点，即当一个宝宝做出一种动作或出现一种叫声时，别的宝宝会立刻模仿。父母要利用宝宝这一特点，尽可能地创造机会鼓励宝宝和同年龄段的小朋友一起玩。需要注意的是，由于这个年龄段的宝宝还不懂得分享。因此，最好给他们相同的玩具，以避免小朋友之间相互争夺。

疫苗接种备忘录

按时接种百白破混合制剂加强针。

第22~24个月 发育监测与达标

体格发育

体格发育监测标准

男宝宝

身 高 80.9～94.9厘米，平均87.9厘米

体 重 9.7～14.8千克，平均12.2千克

头 围 45.6～50.8厘米，平均48.2厘米

胸 围 45.4～53.4厘米，平均49.4厘米

牙 齿 大多数宝宝已经长出16～20颗牙齿

女宝宝

身 高 79.6～93.6厘米，平均86.6厘米

体 重 9.2～14.1千克，平均11.7千克

头 围 44.8～49.6厘米，平均47.2厘米

胸 围 44.2～52.2厘米，平均48.2厘米

牙 齿 大多数宝宝已经长出16～20颗牙齿

体格发育促进方案

1～2岁的宝宝胃容量约为200～300毫升，这就限定了宝宝每次的进餐量，故每日进餐4～5次，可在每日三餐的两餐之间加些点心，每餐间隔

时间为4小时。主食品以米、面等谷类食物为主，谷类是热能的主要来源。蛋白质主要来自肉、蛋、乳类、鱼等食物；钙、铁和其他矿物质主要来自蔬菜，部分来自动物类食物；维生素主要来自水果、蔬菜。每日主食品约100克，肉、鱼、蛋、奶约100克，青菜约50~100克；两餐之间加些点心、水果，水果供应量约50克左右。如果鱼、肉、蛋类吃得多些，便可少吃些豆制品；蔬菜供应多些，可以适当减些水果；辅食吃得多些，主食可少吃一些，等等。

要尽可能多地保留食物中的营养素，必须注意烹饪方法，例如，挑选蔬菜要新鲜，不要在水里泡太久，应洗干净再切，以防止维生素的流失。胡萝卜要用油炒后食用，利于脂溶性维生素A的吸收。

制作的膳食应小巧、精致、花样翻新。通过视觉、嗅觉、味觉等感官，传导到大脑皮层的食物神经中枢，反射性刺激，使宝宝想吃，并越吃越爱吃，从而保证宝宝足够的营养摄入量，促进宝宝的生长发育。

◆本阶段营养计划表◆

主要食物	馒头、花卷、米粥、面条、包子、馄饨、米饭	
辅助食物	牛奶、水果、肉、肝、动物血、豆制品、煮蛋、面包、点心	
餐次	一日3餐，两餐之间可给予辅助食品	
哺喂时间	上午	8：00菜拌饭1/3碗，主食面包1片；10：00牛奶200毫升，水果120克
	下午	13：00米饭（或面条）半碗，鱼或鸡蛋1个，蔬菜100~150克；18：00喂饺子7~10个，鱼或肉（家长量的1/3左右）、蔬菜
	夜间	21：00牛奶200毫升

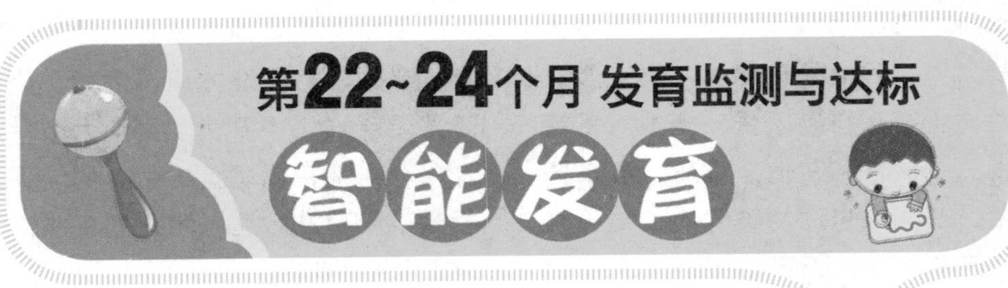

粗大运动

粗大运动发育水平

- 游戏时会蹲下。
- 能独立扶着或不扶栏杆上楼梯。
- 跑步时，可控制速度及绕开障碍物跑。
- 开始学跳。

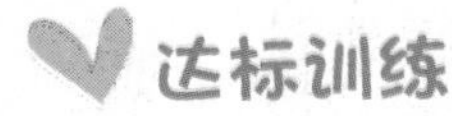

达标训练

1.双脚跳

宝宝经过了走、跑的阶段后该学跳了，可用玩青蛙跳跳、小兔蹦蹦等游戏来鼓励宝宝练习双脚跳起。开始宝宝可能双脚不能同时抬起，家长可经常给宝宝做示范，特别是有意让他跳起够一些东西，逐渐训练宝宝双足同时抬起跳离地面。

2.独自上楼梯

现在，你的宝宝本领更大了，他已经可以很自由地活动了，只是有时动作还不够灵巧，身体的平衡性还不够强。

为了使他的本领更强，这时可训练宝宝独自上楼梯。开始宝宝可能有些胆怯，家长要鼓励他，让他看到自己的能力，或者有意地往宝宝手中放些东西，使他无意中不能扶，经过几次这样地锻炼，宝宝就有了信心与把握，可以稳定的独自上楼梯了。在初期训练时可从少数几阶楼梯开始，以后逐渐增多，这也是宝宝锻炼身体的好机会。

精细运动

精细运动发育水平

- 能打开门闩，会折纸，逐页看书。
- 模仿画竖线或圆。
- 可搭起7~8层积木。

达标训练

1.翻书，训练手的灵活性

给宝宝准备几本书，让他随意地翻看。开始时，由于手指还不大灵活，宝宝可能会一下子翻好几页，经过一段时间地锻炼，宝宝控制小手肌肉的能力越来越强，逐渐就能一页一页地翻书了。

2.盖盖子

准备一个带盖子的塑料杯，可给宝宝做个示范，教他把盖子打开、再合上，可以让宝宝慢慢练习。这个活动需要同时使用双手，对培养宝宝两只手的协调能力很有好处，还能增强宝宝手腕的力量。

3.敲打乐器

准备好小鼓、木琴等可供宝宝双手演奏的乐器玩具，播放宝宝熟悉的童谣或歌曲，让他随着节奏用双手敲击乐器。可以使宝宝更加熟练地使用双手，还能培养乐感。

认知能力

认知能力发育水平

- 能用手捻书页。
- 能够将积木一一正确地放入到型板中。
- 能说出三种以上物品用途。

达标训练

1.识别颜色

宝宝虽然很小就能分辨颜色，但他并不认识它，随着语言能力的发展，他知道了颜色的名称，这时可真

正地开始教宝宝识别颜色。开始要与实物结合，在玩玩具时注意教他认识不同颜色的玩具，如这是红皮球、这是小黄狗等等。使宝宝逐渐建立这些颜色的概念，能够把它抽象出来，即不管看到什么物体都能正确地说出它的颜色。当然，对这个年龄的宝宝，只要求他能识别红、黄、绿等几种鲜艳的颜色即可。

2.手的操作

手是宝宝的重要认识器官，动手操作是宝宝的主要学习方法，这时还是要每日有一定的时间与宝宝玩动手游戏、搭积木、插插片均可。有时家长要给宝宝做些示范，由宝宝来模仿，并启发他有创造性地玩。此阶段他可以小心翼翼地搭起多块积木不让它倒下；他可以把很多拼插玩具插在一起，甚至说他插的是某样东西，比如火车、大象等等。对宝宝创造性的行为家长一定要多给鼓励，并帮助丰富他的想象力。为了锻炼宝宝手的灵巧性，还可和宝宝一起玩穿珠子的游戏，最好是一些带孔的小木珠，教宝宝用带子或线把它一个一个串起来。

语言能力

语言发育水平

● 能说出三个字的简单句。

● 能回答简单的提问，还会和人对话。

● 能背一些儿歌。

达标训练

1.简单句

学会了用单字、双字词，再把多个字词连在一起就是句子了。此时可教宝宝用一些简单的句子来表达，如“我上街”“妈妈上班”“我要吃饭”等。开始宝宝可能只是用单或双字词来接你的话，家长可有意地、清楚地说些简单句教宝宝模仿，使他逐渐学会运用完整的简单句来表达。

2.看书、理解简单故事

教宝宝学语言的一个好方法是看书。这个年龄段可以看些有简单情节的图书，家长利用图书给宝宝讲些简单的故事。这里可有事物关系、生活常识、简单道理等，使宝宝的语言理解能力更增强，并教宝宝自己叙述图书中表达的意思。

社会交往能力

社会交往能力发育水平

- 有了初步是非观念，如懂得打人不好，脏东西不能动等。
- 对陌生人的焦虑反应和害羞行为逐渐减少，逐渐习惯于和同龄伙伴或家长交往。
- 能够忍受与依恋对象(如妈妈)分离一段时间。

达标训练

1.生活自理

为了从小培养宝宝独立生活的能力，从此时就可以锻炼宝宝自己做简单的事，如自己吃饭、喝水，在主动配合穿衣、穿鞋袜的基础上，可试着教宝宝学习穿脱简单的衣服，如解开扣子，由宝宝自己脱下外衣，自己脱袜子等。不要嫌宝宝笨，做不好，一切由家长代劳，而是要创造机会让宝宝自己尝试着做，做不好时家长再给予帮助。

2.是与非

在日常生活与人交往中教宝宝一些简单的是非观念，如“打人不好”，“脏东西不能动”等，使宝宝初步懂得一些正确与不正确的事情。注意一定用宝宝能理解的方式教他分辨，并用行动来表明家长的态度。对正确的事要给予鼓励，对不正确的事要制止，或转移注意力，切记不要简单粗暴，防止不自觉地对宝宝不正确的事起到强化作用。

疫苗接种备忘录

按时接种乙脑减毒活疫苗加强针。

2周岁宝宝综合测评

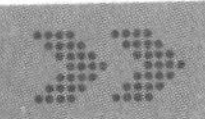

1.认识几种交通工具：汽车、马车、自行车、飞机、火车、轮船等：（以10分为合格）

A.6种(12分)

B.5种(10分)

C.4种(8分)

D.3种(6分)

E.2种(4分)

2.认颜色：红、黑、白、黄等：（以10分为合格）

A.3种(15分)

B.2种(10分)

C.1种(5分)(3种以上每种递增3分)

3.认数字或汉字:(以9分为合格)

A.3个(15分)

B.2个(9分)

C.1个(5分)

4.认识家庭照片中的亲人：（以12分为合格）

A.6人(14分)

B.4人(12分)

C.3人(9分)

D.2人(6分)

E.1人(3分)(6人以上每人增加2分)

5.拿蜡笔画长线，为鱼点眼睛，会画圆(封闭的曲线)：（以10分为合格）

A.会做3项(15分)

B.会做2项(10分)

C.会做1项(5分)

6.说出自己“1岁”，伸食指表示1岁：（以6分为合格）

A.会说(6分)

B.会伸指表示(3分)

7.背儿歌：（以10分为合格）

A.全首(15分)

B.背两句(10分)

C.背押韵字(6分)

(两首以上每首儿歌递增5分)

8.替家长拿东西，如拖鞋、板凳、日用品：（以10分为合格）

A.拿对4种(10分)

B.3种(8分)

C.2种(4分)

D.1种(2分)(5种以上每种递增2分)

9.自己端杯喝水少洒：（以5分为合格）

A.自己端杯(5分)

B.家长端杯(3分)

C.用奶瓶(0分)

10.自己会去坐盆：(以9分为合格)

A.白天不尿湿裤子(12分)

B.偶尿湿裤子(9分)

C.每次要家长提醒(6分)

D.要人把(0分)

11.跑步：（以10分为合格）

A.自己渐慢停止(12分)

B.扶人扶物停止(10分)

C.家长牵着跑步(5分)

D.不敢跑(记0分)(跑得快增加3分)

12.踢球：（以9分为合格）

A.不必扶物或扶人(9分)

B.扶人扶物才踢球(6分)

C.牵手踢球(3分)

(跑步踢球增加3分)

结果分析

1.2.3.4题测认知能力，应得41分；
5题测精细动作，应得10分；
6.7题测语言能力，应得16分；
8题测社交能力，应得10分；
9.10题测自理能力，应得14分；
11.12题测运动能力，应得19分。

共计可得110分。总分在90~110分之间为正常，120分以上为优秀，70分以下为暂时落后。

哪道题在及格以下，可先复习上阶段相应试题，通过后再练习本月的题。哪道题常为A，可跨越练习下阶段同组的试题，使优点更加突出。

专题讲座6：婴儿抚触

1. 婴儿抚触的含义

婴儿抚触并不是一项时髦活动，它是一种医疗方法。因为抚触从一开始就是和医学探索联系在一起的。自从有了人类就有了抚触，在自然分娩的过程中，胎儿都接受了母亲产道收缩这一特殊的抚触。

皮肤是人体接受外界刺激的最大感觉器官，是神经系统的外在感受器。因此，早期抚触就是在婴儿脑发育的关键期给脑细胞和神经系统以适宜的刺激，促进婴儿神经系统发育，从而促进生长及智能发育。对孩子轻柔的爱抚，不仅仅是皮肤间的接触，更是一种爱的传递。

2. 婴儿抚触的作用

给婴儿进行系统的抚触，有利于婴儿的生长发育，增强免疫力，增进食物的消化和吸收，减少婴儿哭闹，增加睡眠；同时，抚触可以增强婴儿与父母的交流，帮助婴儿获得安全感，发展对父母的信任感。心理学研究发现，有过婴幼儿期抚触经历的人在成长中较少出现攻击性行为，乐于助人、比较合群。

另有研究表明，抚触可以刺激大脑产生后叶催产素，帮助婴儿及其父母得到平和安静的感觉（后叶催产素是在抚触过程中男性和女性都会释放的一种荷尔蒙，它对于缓解疼痛和使人平静有帮助作用）。

3. 抚触前需做的准备

（1）保持适宜的房间温度（25℃左右）和抚触时间（20分钟左右），确保舒适及15分钟内不受干扰。

（2）采用舒适的体位，选择安静、清洁的房间，放一些柔和的音乐作背景。

（3）选择适当的时候进行抚触。婴儿不宜太饱或太饿，抚触最好在婴儿沐浴后进行。

（4）在抚触前准备好毛巾、尿布、替换的衣物，先倒一些婴儿润肤油于掌心，并相互揉搓使双手温暖。

4. 抚触时的注意事项

（1）对新生儿每次抚触15分钟即可，一般每天进行3次抚触。要根据婴儿的需要，一旦感觉婴儿满足了即应停止。

（2）婴儿出牙时，面部抚触和亲吻可使其脸部肌肉放松。

（3）开始时要轻柔，然后逐渐增加压力，让她慢慢适应起来。

（4）不要强迫婴儿保持固定姿势，如果哭了，先设法让他安静，然后再继续。一旦哭得很厉害应停止。

（5）别让婴儿的眼睛接触润肤油。

5.抚触主要部位的功效

手部（增加灵活反应）

将婴儿双手下垂，用一只手捏住其胳膊，从上臂到手腕轻轻挤捏，然后用手指按摩手腕。用同样的方法按摩另一只手。双手夹住小手臂，上下搓滚，并轻拈婴儿的手腕和小手。在确保手部不受伤的前提下，用拇指从手掌心按摩至手指。

腿部（增加运动协调功能）

按摩婴儿的大腿、膝部、小腿，从大腿至踝部轻轻挤捏，然后按摩脚踝及足部。接下来双手夹住婴儿的小腿，上下搓滚，并轻拈婴儿的脚踝和脚掌。在确保脚踝不受伤害的前提下，用拇指从脚后跟按摩至脚趾。

腹部（有助于肠胃活动）

按顺时针方向按摩腹部，在脐痂未脱落前不要按摩该区域。用手指尖在婴儿腹部从左方向右按摩，操作者可能会感觉气泡在指下移动。

脸部（舒缓脸部紧绷）

取适量婴儿油或婴儿润肤乳液，从前额中心处用双手拇指往外推压，划出一个微笑状。眉头、眼窝、人中、下巴，同样用双手拇指往外推压，划出一个微笑状。

胸部（有助顺畅呼吸循环）

双手放在两侧肋缘，右手向上滑向右肩复原，左手以同样方法进行。

背部（舒缓背部肌肉）

双手平放在背部，从颈部向下按摩，用指尖轻按脊柱两边的肌肉，再从颈部向脊柱下端迂回运动

6.婴儿抚触教程

上臂 双手从上臂滑动至小婴儿的双手，再移向指尖。双手同时运行。重复3～5次。注意不要过于用力，以免宝宝脱臼。

捏揉上肢 两手食指和拇指成圈状套在婴儿手臂上捍揉并转动，同时轻轻往下滑动，至腕处停止。重复3～5次，两手交替进行。

手心 一只手托住婴儿手腕，掌心朝上。另一只手的拇指从掌根向指尖滑动，重复3～5次，两手交替进行。侧的中点处位处作顺时针揉压。两手交替进行。

手背 一只手握住婴儿的手腕，掌心向下。另一只手拇指按住婴儿的手腕边的掌臂上，手指伸进掌心。用拇指和食指施压，然后从掌心向指尖滑动。并在合谷穴（在手背第1.2节骨间，第2掌骨桡侧的中点处）位处作顺时针揉压。重复3～5次，两手交替进行。这样能促进婴儿的生理发育、增强免疫力、增强肌肉和关节发育。

头 面对平躺着的小婴儿，将双手指间相对，手心向下放在其前额上，食指与发际相平。然后双手同时缓缓向后移动，经过头顶时用一手食指轻轻按压百会穴（在头部，在前发际正中直上5寸；或两耳尖经头连线的中点），再至脑后轻按哑门穴（在颈部，后发际正中直上0.5寸，第一颈椎下）。重复3～5次。

腮部 把双手分开移至小婴儿的两腮部，食指轻揉翳风穴（在耳垂后方，乳突与下颌角之间的凹陷处），拇指揉听宫穴（面部耳屏前，下颌骨髁状突的后方，张口时呈凹陷处），手指沿两腮的颊车穴（两颊部下颌角上方约一横指（中指），当咀嚼时咬肌隆起，按凹陷处）、地仓穴（在面部口角外侧，上直对瞳孔）至下巴，并揉承浆穴（面部颏唇沟的中正凹陷处）。

前额部 将两手拇指横向放在婴儿的眉上，沿眉弓向两侧移动，至太阳穴（颞部眉梢与目外眦之间，向后约一横指凹陷处）时轻揉之，再画小圆圈。重复3～5次。

上颊 将两手拇指分别放鼻梁两侧，向下和向外按揉，并将两拇指上颊部捋动到两侧。重复3–5次。对于出牙的宝宝可以缓解疼痛。

下腭 将两手拇指放于下唇下方，轻按压，揉小圆圈向外滑动至两侧，并揉按承浆穴、地仓穴、颊车穴。重复3～5次。时间不要过长，以免增加宝宝流口水。

耳朵 用拇指和食指相对捏住耳廓上方，用指腹作小圆圈按摩小婴儿的耳部至耳垂。重复3～5次。

上腭 将两手拇指放于上唇处中央，揉按压向外滑动至两耳，并揉按人中沟。重复3～5次。

下颊 将两手拇指分别放在小婴儿鼻梁两侧，沿颧弓按揉，向外滑至两侧。重复3～5 次。

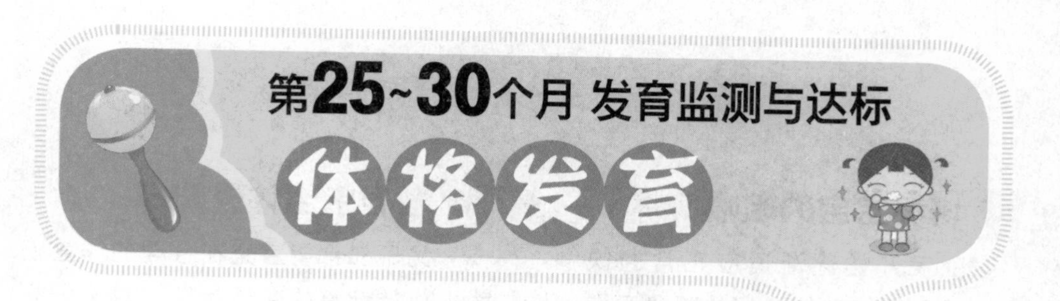

体格发育监测标准

男宝宝

身长 89.7～91.2厘米，平均90.4厘米

体重 12.7～13.2千克，平均12.9千克

头围 48.3～48.7厘米，平均48.5厘米

胸围 49.4～49.8厘米，平均49.6厘米

牙齿 大多数宝宝已经长出16～20颗牙齿

女宝宝

身长 87.2～89.9厘米，平均88.5厘米

体重 11.8～12.1千克，平均11.9千克

头围 47.8～48.5厘米，平均48.1厘米

胸围 48.2～48.7厘米，平均48.4厘米

牙齿 大多数宝宝已经长出16～20颗牙齿

体格发育促进方案

培养宝宝的咀嚼习惯

宝宝开始逐渐适应正常的饮食后，父母要培养他良好的咀嚼习惯。过早地给宝宝太硬的食物会影响宝宝的咀嚼习惯，由于太硬的食物超过了宝宝的咀嚼能力，致使宝宝不咀嚼食物，就直接咽了下去，时间久了宝宝会养成不爱咀嚼食物的习惯。父母需耐心地教宝宝咀嚼食物，不能急躁。在给宝宝喂饭时，要刻意拉长两口饭菜的间隔时间，让宝宝在咽下去之前有充足的咀嚼时间。

避免宝宝体重超标

父母都希望宝宝在合理的体重范围内保持健康的身体状况。对于一些已经超重的宝宝，父母应积极地采取行动帮助宝宝恢复正常体重。为了避免超重宝宝很快饥饿，在饮食中多进食一些热量低、体积大的蔬菜和水果的做法是正确的。但是，如果对蔬菜不加以选择，对宝宝进食量不加以控制，特别是采取勾芡烹调(使过多的油脂被蔬菜吸收)的方法，同样会使宝宝摄入过多热能，导致体重增加。

◆ 本阶段营养计划表 ◆

主要食物	馒头、花卷、米粥、面条、包子、馄饨、米饭	
辅助食物	牛奶、水果、肉、肝、动物血、豆制品、煮蛋、面包、点心	
餐次	一日3餐，两餐之间可给予辅助食品	
哺喂时间	上午	8：00烤面包片1～2块，牛奶200毫升或鸡蛋；10：00饼干，水果
	下午	13：00米饭（或面条）1碗，肉、豆腐、鱼、蔬菜100～150克；18：00花卷1个，鱼或肉（家长量的1/3左右），蔬菜100～150克
	夜间	21：00牛奶200毫升

粗大运动

粗大运动发育水平

- 能独立上下楼梯。
- 会双足离地跳。
- 用足尖走，能在窄道上行走。
- 能单足站稳。
- 能双脚向前连续跳1～2米远。
- 学骑三轮车。

达标训练

1.独自下楼梯

在宝宝能够比较稳定地独自上楼梯后，可训练宝宝独自下楼梯。因下楼梯较难把握，可先让宝宝从较矮的楼梯开始试，使他体会下一阶梯的感觉，学会保持身体平稳，这样从几阶矮楼梯开始，逐渐独自迈下一楼梯。此时宝宝上、下楼梯可能都是一足迈上，另一足跟着迈上同一阶梯，即一步一踏。

2.骑小三轮车

为了培养宝宝手足配合的协调能力，从此年龄开始可教宝宝学习骑小三轮车。开始可扶着宝宝教他双足用力蹬，如力量不够可稍加力推他前行，使他感到通过自己的努力可前进的喜悦，以后逐渐培养宝宝独自骑三轮车玩。这样不仅使宝宝全身的肌肉得到锻炼，同时也培养了宝宝眼、手及全身动作的协调。

3.两足交替走上楼梯

在宝宝身体比较灵活后，可教宝宝两足交替地走上楼梯，即一足迈上一个台阶，另一足再迈上另一台阶，这需要宝宝有一定的肌肉力量，所以要给宝宝一些机会，鼓励他自己锻炼。先从很少几阶楼梯开始，以后逐渐增加运动量。

4.从台阶上跳下

在宝宝能较稳定的双足跳离地面基础上，可教宝宝从一台阶上往下跳，开始一定从很矮的台阶开始，在宝宝有了一定胆量，并能够跳下站得稳后，再逐渐增加台阶的高度，使宝宝能够从一节楼梯上跳下。当然，我们只是和宝宝玩时创造一些机会，使宝宝有所锻炼，不要总和宝宝做这一活动，防止宝宝不知深浅地尝试。

精细运动

精细运动发育水平

● 会穿珠子和将积木组合成火车、塔和门楼等。

● 会画规则的线条、圆圈等。

● 会把纸叠成方块，边角基本整齐，到2岁半时能把纸角对角地折成三角形。

● 能配合家长穿、脱衣服，会自己穿鞋和袜。

达标训练

1.手的灵活操作

这个年龄阶段，玩玩具仍是宝宝主要的学习活动，只是这时宝宝的手更加灵活，并有了一些有目的的操作。为了培养宝宝的操作能力，可有意识地让宝宝将一些小豆豆装进小口径的瓶中，或者教宝宝学会用细绳穿进珠孔内，培养宝宝精细动作的能力。在玩积木、拼插玩具时，教宝宝更加灵活及有目的地拼、搭成某一物，如拼插成一个大车、搭个高房子等等，培养宝宝用自己的手去创造的能力。

2.学包糖

用面粉捏一些“糖果”晾干，然后给宝宝准备一些色彩鲜艳的彩纸，家长先示范包糖的技巧，然后让宝宝自己包糖。

认知能力

认知能力发育水平

● 具备了一定的分辨能力，能识别简单的图形。

● 看物辨别上下、里外，知道大小等。

● 可区别垂直线和水平线。

● 区别不同响度的声音更准确。

● 听到音乐时能起舞。

达标训练

1.模仿画画

在这个年龄，宝宝手的控制能力已经有了很大进步，并且能辨别一些简单的图形了，这时可以教宝宝画一些简单的图形，比如模仿画垂直线、水平线、圆等。宝宝画的图形不一定很规整，但要培养宝宝模仿画的意识和能力。可反复多次的教宝宝画，并将这些图形形象化，如可以说“我们来画些栏杆、画个大马路、画个大皮球”等等，以培养宝宝画画的兴趣。

2.识别简单图形

随着宝宝年龄的增长，他们已具备了一定的分辨能力，此时可教宝宝识别一些简单的图形，如圆形、方形、三角形等，对这些图形宝宝可能很早就看出了它们的不同，但却不能认识它。首先可教宝宝识别这些形状，即家长说出每个图形的名称后，由宝宝来挑选，“给我找一个圆形”，“找一个三角形”等，以后逐渐地教宝宝自己命名这些图形，即家长指着某一图形问宝宝“这是什么形”。对这些形状家长也可在日常生活中结合实物来教宝宝辨别，或用一些镶嵌及投空的玩具来学习。此时宝宝只能掌握一些简单的图形，对一些较复杂的图形还不能很好掌握，家长注意不要一下子要求太高。

3.分辨大小

宝宝到了这一年龄开始逐步掌握一些对应的概念了，首先教宝宝学会分辨大小，可用一些实物，特别是日常生活中宝宝经常接触的物品来教宝宝，比如吃苹果可用不同苹果的比较教宝宝认识哪个是大的，哪个是小的。以后教宝宝能够分辨不同大小的图形。如大圆、小圆，大汽车、小汽车等等，逐渐使宝宝建立起大与小这一对相反的概念。

语言能力

语言发育水平

● 能背数到10。

● 唱1～2首儿歌。

● 拿图书要求你给他讲。

● 能用动作和语言表示眼前所没有的东西。

● 能正确地使用代词“他”来指代宝宝的亲属和小伙伴等。

● 说话根据情绪不同已有明显不同的语调。

● 能理解家长的要求并做对事情。

● 能指对身体的7个部位。

达标训练

1.背儿歌

儿歌是教宝宝学习语言、学习认识事物及道理的好方法。为了宝宝的成长，家长把很多东西编写成好听、易懂、易学的儿歌供宝宝们学习，所以现在儿童读物很多。宝宝在2岁以后，不仅能认识一些图画，而且能够使用一些语言了，此时教宝宝背一些健康、活泼的儿歌对宝宝语言的掌握及认识事物均大有好处。每天可用一些时间来教宝宝背儿歌，反复强化，一首首掌握，真正学会一首后再背一首。有的家长喜欢教宝宝背诵唐诗，这当然也很好，但唐诗多不易理解，宝宝只是机械地背。如教宝宝一些实际、易懂的儿歌，像“大公鸡”、“小手绢”等儿歌。宝宝就不仅是在机械地记忆词句，同时也学习了认识事物。

2.用形容词

宝宝在学会了用双字词后语言的进步会非常快，接着可说出多个字的词句，宝宝模仿语言的范围更加大了，此时可教宝宝用一些形容词来表达。比如说“这是一个大红球”，“这个玩具真好”。可在语调上强调这些形容词，供宝宝模仿，以使宝宝的语言更加丰富。

3.说出物体的用途

随着宝宝语言的进步，他可以命名许多物体了，在他正确的掌握了这些名称后，可教宝宝学会说出这些物品的用途，如教宝宝杯子是干什么用的、梳子是干什么用的，等等。教宝宝学会用正确的语言来表达一些物体的用途，注意一定要按正确的名称来说出它的用途，不要将用途和名称混淆。

4.叙述简单事件

宝宝语言进步较快后要多给宝宝

一些语言表达的机会，有些事要让宝宝主动来表达，特别是已经发生过的事，甚至是1~2天前的事，教宝宝用语言来简单叙述，这同时也加强了宝宝的记忆力。

在宝宝能准确表达时，教宝宝学会用一些关键的词，使宝宝尽快学会用语言进行交流。

社会交往能力

社会交往能力发育水平

- 非常重视自己的东西。
- 禁止做的事知道不去做，有一定控制能力。
- 表现出自尊心、同情心和怕羞，不顺心时发脾气。
- 喜欢同1~2个好朋友玩，但易发生冲突。
- 自己会穿松紧带裤子，会扣上和解开纽扣。

达标训练

1.诉说大小便

宝宝在能够用语言表达事物后，要教宝宝用语言来表示大小便，白天不仅能表达，而且能够自己及时去蹲便盆或上厕所，在中午和晚上睡前要让宝宝养成先上厕所的习惯，这样宝宝就会更早地控制夜间不尿床。

2.帮别人一起做事

宝宝在有了一定本领后很愿意帮着家长做一些事，这时家长千万不要嫌乱而打击宝宝的积极性，要有意识地教宝宝和家长一起做些事，比如把玩具或小椅子等东西帮助家长一起收好等。目的是从小培养宝宝养成良好的习惯，学会热心为自己和他人服务。

3.学会穿鞋

宝宝在生活方面，首先学会了脱衣服、脱袜子、脱鞋，以后才学会了穿衣、穿鞋的配合，由于穿衣比较复杂，可先教宝宝学习自己穿鞋，主要是那些不系带的鞋。先教宝宝拿起鞋子，将脚伸进去，然后努力将鞋跟提起，开始家长可与宝宝一起用力将鞋穿好，以后多鼓励宝宝自己去做，使宝宝学会自己穿鞋。

4.和同伴合作玩

宝宝虽然很小就会和别的小朋友一起玩，但那只不过是平行的，各玩各的，在这个年龄段即可教宝宝学习与同伴合作玩，比如两个人一起搭一个东西，或把我的东西放在你的盒里等等，培养宝宝这种相互合作的意识。

2岁半宝宝综合测评

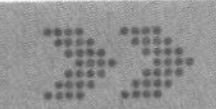

1.分清楚5个手指头和手心手背：（以10分为合格）

A.7处正确(12分)

B.5处正确(10分)

C.4处正确(8分)

D.3处正确(6分)

E.2处正确(4分)

2.说出水果名称：（以10分为合格）

A.6种(12分)

B.5种(10分)

C.4种(8分)

D.3种(6分)

3.会写数字1(道道)2(鸭子)3(耳朵)汉字(横道一、二、三、八、人、大等)：（以10分为合格）

A.3个(12分)

B.2个(10分)

C.1个(6分)

D.全都写得不像(4分)

4.会把瓶中的水倒入碗内：（以5分为合格）

A.不洒漏(6分)

B.少洒漏(5分)

C.洒一半(3分)

D.全洒(0分)

5.说出自己的姓和名、妈妈的姓名、自己的小名：（以10分为合格）

A.说对3种(12分)

B.说对2种(10分)

C.说对1种(6分)

6.背儿歌：（以10分为合格）

A.2首背完整(12分)

B.1首背完整(10分)

C.1首不完整(8分)

D.背押韵的字(4分)

7.问“这是谁的鞋？”答：（以10分为合格）

A.“我的”(10分)

B.宝宝(小名)的(8分)

C.拍自己(4分)

8.知道故事中谁是好人谁是坏人：（以12分为合格）

A.知道2个(12分)

B.知道1个(10分)

C.会指图中的好人和坏人(8分)

D.乱指(4分)

9.穿上袜子(不拉后跟)，穿上鞋(不分左右)：（以10分为合格）

A.两种(10分)

B.1种(5分)会拉袜子后跟(加5分)

C.分清鞋的左右(又加5分)

10.会脱松紧带裤子坐便盆：（以8分为合格）

A.及时脱下(10分)

B.会扒开裤裆(8分)

C.不及时脱下(6分)

D.叫家长帮助(4分)

11.单脚站立：（以5分为合格）

A.3秒(6分)

B.2秒(5分)

C.要扶物扶人(2分)

结果分析

1.2题测认知能力，应得20分；

3.4题测手的灵巧，应得15分；

5.6.7题测语言能力，应得30分；

8题测社交能力，应得12分；

9.10题测自理能力，应得18分；

11题测运动能力，应得5分。

共计可得100分。总分在80～100分之间为正常，90分以上为优秀，60分以下为暂时落后。

哪道题在及格以下，可先复习上阶段相应试题，通过后再练习本月的试题。哪道题常为A，可跨越练习下阶段同组的试题，使优点更加突出。

第31~36个月 发育监测与达标

体格发育

体格发育监测标准

男宝宝

- 身长 93.0～96.8厘米，平均94.9厘米
- 体重 13.4～14.4千克，平均13.9千克
- 头围 48.9～49.4厘米，平均49.1厘米
- 胸围 49.8～50.9厘米，平均50.3厘米
- 牙齿 大多数宝宝已经长出18～20颗牙齿

女宝宝

- 身长 91.0～95.9厘米，平均93.5厘米
- 体重 12.8～14.0千克，平均13.4千克
- 头围 47.2～48.4厘米，平均47.8厘米
- 胸围 49.3～50.4厘米，平均49.8厘米
- 牙齿 大多数宝宝已经长出18～20颗牙齿

体格发育促进方案

这个阶段宝宝的智能营养方案仍以合理的饮食结构与科学的喂养方式为主要内容。宝宝所需的各种营养素都是由食物供给的，食物是保证合理

营养的物质基础。每种食物所含的营养素均不同，没有任何一种天然食物能包含机体所需要的全部营养素。因此，只有保证宝宝摄取品种多样的饮食，使热量和各种营养素数量充足，比例适当，才能保证宝宝的健康。

宝宝所需的营养素

宝宝正常生长发育所需要的营养素有七大类：蛋白质、脂肪、糖、矿物质、维生素、水和纤维素。这些营养素缺一不可，少了谁都会出问题。例如，缺少脂肪会影响脑子和视力的发育，缺乏维生素D会妨碍钙的吸收而造成佝偻病等。

不可乱补营养剂

营养靠吃不靠补，要给宝宝提供多种多样的食物，从各种食物的搭配组合中调整营养的均衡，这是科学喂养的根本。

只有在特殊情况下，食物中暂时供给不足时，才可以用少量的营养剂作为补充，而且每种营养剂补多少，要根据宝宝的具体情况综合分析，父母切忌本末倒置，随意给宝宝进补。乱补营养会扰乱宝宝进食的规律，破坏宝宝的选择能力，长期下去很容易造成营养失衡，有害无益。

◆本阶段营养计划表◆

主要食物	馒头、花卷、米粥、面条、包子、馄饨、米饭	
辅助食物	牛奶、水果、肉、肝、动物血、豆制品、煮蛋、面包、点心	
餐次	一日3餐	
哺喂时间	上午	8：00米粥1碗，牛奶250毫升或鸡蛋；10：00点心，酸奶
	下午	13：00饺子或馄饨1碗，水果；18：00米饭或面条1碗，肉、蔬菜
	夜间	21：00牛奶250毫升

第31～36个月 发育监测与达标

智能发育

粗大运动

粗大运动的发育水平

● 能双足交替的上、下楼梯。

● 会用足尖着地走一段路。

● 能单足站立几秒钟。

● 能跳远约30～50厘米，并能试着学跳高。

● 手脚配合，上下灵活地翻过攀登架。

● 能迈过25～30厘米高的横杆。

达标训练

1.会控制重心

宝宝在有了跑跳的能力后，活动更加稳定，这时可教宝宝一些活动动作，锻炼他很好地控制身体，比如教宝宝用足尖走路或单足站立，观察宝宝是否此时仍能够保持身体平衡。做这些动作要用游戏的方法进行，单纯让宝宝模仿时他会没兴趣，可以对他说“看！我们来学个小燕飞(抬起足跟、伸出双臂向前行)”或者说“我们学大公鸡抬起一只脚(单足站立)”等。

2.跳远

宝宝在能双足跳离地面，又能从台阶上跳下后，可教宝宝在原地往前跳，鼓励宝宝用力向前跳，和他比赛看谁跳的远。尽管此时宝宝可能跳不了很远，但这只是让宝宝学会有意识地向前跳，这也是锻炼宝宝掌握身体的平衡。

3.两足交替走下楼梯

在宝宝上楼梯比较灵活后，可教宝宝两足交替地走下楼梯，即一足下一台阶，另一足再下一台阶。这种学习要较慢地进行，视宝宝身体的情况，而且是坡度不太大的楼梯，以免发生危险。

4.跳高

在宝宝能够有意识地向前跳后，也可教宝宝向上跳，即跳出一定高度。这种练习可在一些小门槛或拴上一个小绳子来练习，但绳子一定要拴得松或用橡皮筋。一般这么大的宝宝可跳出5~10公分的高度。

5.追人游戏

这个游戏，还可以让宝宝与小朋友相互追逐，相互躲闪，可以全面训练宝宝灵活的运动能力。在跑、跳及躲闪中，还可以同时促进视觉与动作的协调性。

精细运动

精细运动发育水平

- 身体和手的基本动作已经比较自如。
- 会画圆形和方形。
- 折叠正方形为长方形，或对角折叠成三角形，且边角整齐。拿剪刀将纸剪成块或剪纸条。
- 按要求的颜色形状间隔穿珠子，粘贴简单图画。

达标训练

1.开始学会用筷子夹菜

因为用筷子夹取食物时，会牵动肩、胳膊、手腕、手指等部位的30多个关节。用筷子进餐可促使宝宝“手巧而心灵”、“心巧而手灵”，起到“健脑益智”的作用。

2.折彩旗

准备一些四方形的纸张，家长先用一张正方形纸，角对角，边对边示范折两次，然后让宝宝自己动手学着折。

疫苗接种备忘录

可接种自费疫苗，如预防轮状病毒的疫苗。

认知能力

认知能力发育水平

● 能模仿画出简单图形如圆形、十字等。

● 能分辨长短。

● 懂得前后方位。

● 会点数到3。

● 懂得音响的强弱，知道哪个声音大，哪个声音小。

● 能认出残缺人缺少的部分，如给宝宝看一张缺只耳朵的人像，他能看出人像“缺只耳朵”，并能按要求给人体补画一只耳朵。

达标训练

1.掌握长短的概念

长和短也是一对简单的对比概念，这一概念也可在实际生活中用一些实物来教宝宝掌握。比如玩具中的两根小棒、家中的两根小棍、或者是两支笔都可教宝宝学会分辨长短，以后即可教宝宝分辨画出的线条的长短以及衣服的长短等等。

2.学画画

宝宝以前画画可能只是模仿画一些线段，逐渐的宝宝开始画出一点有形的画，这时可充分发挥宝宝的想像力，问他自己画的是什么？或者家长画出一些简单的图画，由宝宝说出这像什么。也可由家长画出一些图画，有意识地少画一点东西，由宝宝自己来补充。比如画一个人脸，缺少眼睛；画一个小猫头缺胡子等，让宝宝来观察，锻炼宝宝识别图形的能力，培养宝宝的观察力，并教宝宝如何添加这些图。

3.懂得基本方位

在日常生活中经常会碰到一些方位的用途，此时可有意识地教宝宝掌握一些基本的方位概念，如上、下、里、外等。在和宝宝玩的过程中，有意识地叫宝宝把某一玩具放在××上面或××下面，把某样东西放在××里面或拿到××的外面，使宝宝初步理解这些位置的意义。

4.学数数

数字概念的掌握受年龄限制较大，只有到了一定的阶段才能达到数量的守恒，否则不易教宝宝掌握，当然这也有个体差异问题，有的宝宝掌握的早一些，有的宝宝则晚一些。宝宝在会说话后很快就能背出1、2、3……10，但这不是对数字概念的理解，而在接近3岁时，宝宝才开始学习识数。首先教宝宝l的概念，即经常拿出一样东西给宝宝，告诉他这是1个，并和多个进行比较。以后教宝宝点数1、2、3，即手口一致的点着某样东西来数，使宝宝真正理解这几个数字的意义。

5.认时间

在日常生活中，可以利用一切机会教宝宝树立初步的时间观念。比如："吃过早饭可以去外面玩耍"、"晚上吃晚饭的时候爸爸就会回来了"，"吃过晚饭天就黑下来，该睡觉了"。通过这种方式可以比较直观地帮助宝宝逐渐形成早、中、晚等时间概念。

6.认识职业

教宝宝识别工人、农民、解放军、学生、干部、医生、警察等不同职业，理解他们都是干什么工作的。观看家庭照片，看看亲友们是从事什么职业，在什么地方工作，有什么特殊业绩等。

7.认识地址

教宝宝认识自己家的住址、楼层、门牌号、电话号码、城市名称等，巩固宝宝记数据的本领。

8.认识家庭成员

首先能说出自己的姓名、年龄、性别和住址。其次是能说出父母的姓名、工作单位、做什么工作。此外，通过看自己的相册，讲述自己小时候的事情。看家庭的相册，能介绍亲属关系和他们的职业。

语言能力

语言发育水平

- 会说自己的姓名。
- 会说较完整的句子即有主谓语及宾语和补语，会用一些形容词。
- 能说出自己的性别。
- 懂得你我他并会正确应用。
- 能进一步丰富词汇，加深对副词、连词等虚词的理解，能使用更多的语言和家长、小朋友交谈。
- 能复述家长多次重复讲的故事的简单内容。
- 能用简单的句子表达自己的意思，出现不完整的复合句。会用"和"或"但是"连接句子。

达标训练

1.说出自己和别人的姓名

姓名作为一个人的代号使之相互区别开，宝宝在认识了很多人以后也要学会用姓名来区分。首先，宝宝已经知道了自我，那么就要学会用自己的代号来表示，即学会说出自己的姓名，此时是教宝宝说出完整的姓和名(不是小名)，而且要教他学会说出周围一些熟悉的人的姓名，以后他会逐渐的懂得用姓名来称呼同伴。

2.懂得你、我、他

宝宝在用这些代词方面首先懂得了我，知道我代表自己后教宝宝区别我、你，并能够正确使用。主要是在和宝宝谈话时多用一些你、我的代词，使他明白这些代词的意义，比如说“这是你的衣服”、“这是我的杯子”等，以后让宝宝自己来正确地转换应用。此时也可教第三人称他，但宝宝并不一定能运用得很准确。要经常与宝宝说，使其逐渐懂得“他”的使用。

3.说出性别

性别是人的重要类别特征，为了使宝宝较早明确自己的性别角色，要教宝宝识别性别。先从自己和家人来识别，能够正确地说出是男、是女，这样就可建立同性的概念，以后会有意识地观察同性的各种外形及行为特征，对今后的社会行为有益。

4.说较复杂的句子

宝宝的词句丰富了，表达需要更清楚，这时就要教宝宝说一些较复杂的句子，比如：“今天我妈妈上班了。”，“我爸爸天黑才回来。”等等。这就需要和宝宝更多的交谈，给他更多的表达机会，使他的语言发展更迅速。

社会交往能力

社会交往能力发育水平

● 会自己洗手、擦手。

● 自己会解衣服的扣子和系简单的扣子。

● 喜欢和小朋友一起玩，可有自己喜欢的小朋友。

● 做事懂得要按顺序，可排队等待，可玩集体游戏。

达标训练

1.学会系扣

在给宝宝穿上衣服后教他学习系扣，开始先学习系按扣，让宝宝知道两个相对正即可以扣在一起，以后教宝宝系有扣眼的扣子，家长一定不要怕麻烦，要有耐心，要给宝宝学习这一本领的机会。

2.用语言交往

在和家长及别的小朋友一起玩时，教宝宝多用语言交往，比如彼此称呼，见人问好，走时再见等等。这既是一个锻炼运用语言的机会，也是教会宝宝文明礼貌，学会交际本领的方法。

3.自己洗手

为了养成良好的卫生习惯，从小就要培养宝宝饭前、便后洗手的习惯，这时要教宝宝自己把手洗干净、自己擦干，要从这些生活小事上培养他的自理能力。

4.懂得有顺序

宝宝逐渐长大了，接触的面也增多了，各种活动的机会也多了，这时要培养宝宝一定的社会知识，顺序做事就是其中的一种。在家里玩时，要教宝宝“我先做什么，你再做什么”，或者是在玩游艺活动时，告诉他谁在前边玩，谁在后边玩等等，使宝宝初步地建立起先后的顺序概念，懂得做事要有顺序。

5.讲礼貌

带宝宝外出做客时，要求宝宝有礼貌，见人问声“好”，接受食品或玩具时说“谢谢”，不乱翻乱动别人的东西，离开时说“再见”等。

3周岁宝宝综合测评

1.回答问题（以10分为合格）

谁的鼻子长?

谁的耳朵长?

谁爱吃草?

谁爱吃鱼?

谁会生蛋?

谁能挤奶?

谁会看家?

谁会拉车?

谁会过沙漠?

谁会耕田?

每答对1问记2分

2.会解系大骨扣、小骨扣、按扣、布扣、粘扣、裤钩：（每种记1分以5分为合格）

3.折纸：（会折完一种记5分，以10分为合格）

正方形折成长方形，再折成小正方形；正方形折成三角形，再折成小三角形；正方形折成三角形，再折成狗头。

4.拼图：用贺年片切成2、3、4、5、6、7、8块：（每拼对1套记1分，以5分为合格）

5.口答反义词：大、上、长、高、肥、亮、白、甜、软、深、重、远、慢、厚、粗、精，每对上1对记1分：（以10分为合格）

6.回答故事的问题：（以10分为合格）

小猫钓鱼

这一天，天气晴朗，空气清新，猫妈妈准备出去钓鱼。小猫看到了，也要跟着妈妈去，妈妈说，好吧！于是它们就扛着鱼杆出发了。

到了水塘边，它们架好鱼杆，就开始等鱼上钩……

等了没一会儿，小猫坐不住了，开始东瞅瞅西望望。忽然它看到飞过来一只蜻蜓，于是它就放下鱼杆，过去追蜻蜓。可是蜻蜓一飞飞到草窝里看不到了，小猫只好回到水塘边。

又坐了一会儿，鱼还没有上钩，小猫又着急了。这时飞过来一只蝴蝶，小猫又放下鱼杆，跑去捉蝴蝶。可是蝴蝶一下飞到花丛中，找不到了，小猫又回到水塘边，看到妈妈钓起了一条大鱼，小猫羡慕极了，就对妈妈说，为什么我就不能钓上一条鱼呢？

猫妈妈说，你一会儿捉蜻蜓，一会儿追蝴蝶，三心二意，怎么能钓到鱼呢？

小猫听了知道自己错了，就坐下专心致志地钓鱼啦。

不一会儿，小猫也钓上了一条大鱼。它和妈妈兴高采烈地带着自己钓的鱼回家啦！

谁？在何处？准备干什么？遇见了谁？事情有何变化？结果如何？说明什么问题？要记住什么教训？

每问记2分。

7.玩包剪锤游戏：（以5分为合格）

A.知输赢(5分)

B.及时出手(3分)

C.不及时出手(2分)

结果分析

1题测认知能力，应得10分；

2.3.4题测精细动作，应得20分；

5.6题测语言能力，应得20分；

7题测社交能力，应得5分。

共计可得55分。总分在30～55分之间为正常，40分以上为优秀，30分以下为暂时落后。

哪道题在及格以下，可先复习上阶段相应试题，通过后再练习本月的题。哪类题常为A，可在该方面多关注，使优点更加突出。

专题讲座7：成长的敏感期

父母总是想找到最佳时机来教育孩子，希望孩子能够在此期间充分开发智力。事实上，孩子有一个成长敏感期，在这个敏感期孩子能够学习到更多的东西，并且在敏感期学知识的效果会更加好。

在教育孩子时，选准时间很重要，父母一定要抓住孩子成长的敏感期进行教育，如果错过了孩子成长的敏感期，那么孩子就不能发挥出他应有的潜力。

1. 什么是敏感期

“敏感期”一词是荷兰生物学家德·弗里在研究动物生长的时候最先提出的。后来，著名的意大利女教育家蒙特梭利在长期与儿童的相处中，发现儿童的成长中也有同样的现象，因而继续加以使用。

教育范畴内的敏感期，是指在婴幼儿0~3岁成长的过程中，受内在生命力的驱使，在某个时间内，孩子专心吸收环境中对自身有影响的因素，并不断重复实践的过程。这一时期是人生学习的最佳时期，如果在这个年龄段对孩子进行科学的教育，可以达到很好的效果。反之，如果错过了这一关键期，对孩子进行教育的效果就会很不理想，甚至终身难以弥补。

2.掌握九大敏感期

根据蒙特梭利对婴幼儿敏感期的观察与研究，可以归纳出下列九种：

语言敏感期

出现时间：0~6岁

婴儿开始注视大人说话的嘴形，并发出咿呀学语声时，就开始了他的语言敏感期。学习语言对成人来说是件困难的工作，但幼儿却能容易的学会母语，这正是因为幼儿具有自然所赋予的语言敏感力。因此，若孩子在两岁左右还迟迟不开口说话时，应带孩子到医院检查是否有先天障碍。

语言能力会影响孩子的表达能力，因此，父母应该经常和孩子说话、讲故事，或多用反问的方式，加强孩子的表达能力，为孩子人际关系的发展奠定良好的基础。

秩序敏感期

出现时间：2~4岁

孩子需要一个有秩序的环境来帮助他认识事物、熟悉环境。一旦他所熟悉的环境消失了，就会令他无所适从。蒙特梭利在观察中，发现孩子会因无法适应环境而害怕、哭泣，甚至大发脾气。因而确定对秩序的要求是幼儿极为明显的一种敏感力。

幼儿的秩序敏感力常表现在对顺序性、生活习惯、所有物的要求上，蒙特梭利认为如果成人不能为孩子提供一个有序的环境，孩子便没有一个基础以建立起对各种关系的知觉。当孩子从环境里逐步建立起内在秩序时，智能也会逐步建构。

感官敏感期

出现时间：0~6岁

孩子从出生起，就可以通过听觉、视觉、味觉、触觉等感官来熟悉环境、了解事物。3岁前，孩子透过潜意识的吸收性心智吸收着周围的事物。3~6岁则更能具体的透过感官分析、判断环境里的事物。因此蒙特梭利设计了许多感官教具，比如。听觉筒、触觉板等，以敏锐孩子的感官，引导孩子自己产生智慧。

父母也可以在家中准备多样的感官教材，或在生活中随机引导孩子运用五官，感受周围的事物。尤其当孩子充满探索欲望时，只要是不具危险性或不侵犯他人他物时，应尽可能满足孩子的需求。

对细微事物感兴趣的敏感期

出现时间：1.5~4岁

忙碌的父母常常会忽略周围环境中的微小事物，但是孩子却经常能捕捉到其中的奥秘。因此，如果你的孩子对泥土里的小昆虫或你衣服上的细小图案产生了兴趣，这正是你培养孩子仔细观察周围的细微事物，并从中获得知识的好时机。

动作敏感期

出现时间：0~6岁

2岁的孩子已经会走路了，这正是他活泼好动的时期，父母应该充分让孩子运动，使其肢体动作正确、熟练，并帮助左、右脑均衡发展。除了大肌肉的训练外，蒙特梭利则更强调小肌肉的练习，也就是手眼协调的细微动作教育，不仅能养成良好的动作习惯，也能帮助智力的发展。

社会规范敏感期

出现时间：2.5～6岁

2岁半的孩子逐渐脱离了以自我为中心，而对结交朋友、群体活动有了明显的倾向。这时，父母应与孩子建立明确的生活规范、日常礼节，让他在日后能遵守社会规范，拥有自律的生活。

阅读敏感期

出现时间：4.5～5.5岁

孩子的书写与阅读能力的发育虽然较迟，但如果孩子在语言、感官、肢体动作等敏感期内，得到了充足的学习，其书写、阅读能力便会自然产生。此时，父母可多给孩子选择合适的读物，布置一个书香的居家环境，就能让孩子养成爱读书的好习惯，以后成为一位学识渊博的人。

文化敏感期

出现时间：6～9岁

蒙特梭利指出幼儿对文化学习的兴趣，萌芽于3岁，但到了6～9岁则出现想探究事物的强烈需求，因此，这时期孩子的心智就像一块肥沃的土地，准备接受大量的文化播种。父母可以在这个时候提供丰富的文化资讯，以本土文化为基础，延展至关怀世界的大胸怀。

3.如何抓住孩子的敏感期

给孩子一种无限耐心的爱

人的成长都源于本能，它既是一种生物性的，又是一种文化性的成长，这样的成长也不可能仅仅靠食物就可以。在这个阶段，父母要做的最重要的事情，就是要放下所有的娱乐、休闲和其他的琐事，把疼爱、照顾孩子当做最大的事情，使孩子获得尽可能多的温暖、安全、宁静。

观察敏感期的出现

每个孩子敏感期出现的时间各有不同，因此父母必须客观细心地观察孩子的内在需求和个性特质，时刻留意孩子敏感期的到来，以便采取相应措施。

提供适当的学习环境

父母要尽自己最大可能为孩子提供一个满足他成长需求的环境，以保证孩子得到均等发展的机会，受到平等的对待。因为，在自然、放松的状态下，孩子很容易发现生活的法则和宇宙的秘密，从而在行为中形成自律。比如孩子对音乐、美术或者书写等感兴趣的时候，父母就要给孩子准备相应的材料，营造相应的环境。

适时放手

当孩子热衷于有兴趣的事物时，父母应放手让孩子自己做，不要太多干预，并适时予以协助、指导。比如，不要因为怕危险就不让孩子爬来爬去，把孩子限制在床上或小车里；也不要老抱着孩子，要让孩子多与大自然接触，多做户外活动，每天至少1小时。另外，更不要包办代替，孩子能做的事情尽量让他自己动手。

尊重孩子

孩子是具有能力的天生学习者，他们会循着自然的成长法则，不断使自己成长为“更有能力”的个体，这是父母应该具备的观念。

经过敏感期地学习之后，幼儿的心智水平便会有一个很大的提升。敏感期得到充分发展的孩子，头脑清楚、思维开阔、安全感强，能深入理解事物的特性和本质。

蒙特梭利说：“经历敏感期的孩子，其身体正受到一种神圣命令的指挥，其小小心灵也会受到鼓舞。”敏感期不仅是幼儿学习的关键期，同时也影响其心灵、人格的发展，因此，成人应尊重自然赋予儿童的行为与动作，并提供必要的协助，以避免孩子错失一生仅有的一次特别的生命力。

图书在版编目（CIP）数据

宝宝0～3岁成长监测与达标训练/万理主编.-北京：中国人口出版社，2013.3

ISBN 978-7-5101-1623-0

Ⅰ.①宝… Ⅱ.①万… Ⅲ.①婴幼儿-哺育 Ⅳ.①TS976.31

中国版本图书馆CIP数据核字（2013）第023088号

更科学、更实用、指导性
更强的育儿工具书

宝宝0～3岁成长监测与达标训练

万理 主编　潘小梅 副主编

出版发行	中国人口出版社
印　　刷	大厂正兴印务有限公司
开　　本	710×1020　1/16
印　　张	12
字　　数	150千字
版　　次	2013年5月第1版
印　　次	2013年5月第1次印刷
书　　号	ISBN 978-7-5101-1623-0
定　　价	28.80元

社　　长	陶庆军
网　　址	www.rkcbs.net
电子信箱	rkcbs@126.com
电　　话	(010)83519390
传　　真	(010)83519401
地　　址	北京市宣武区广安门南街80号中加大厦
邮　　编	100054